Hair&Scalp Management

두피 모발 관리학

강갑연 · 석유나 · 이명화 · 임순녀 공저

光文閣
www.kwangmoonkag.co.kr

머 리 말

　미용은 아름다움을 완성하는 중요한 부분으로 헤어스타일 연출이라고 할 수 있다. 아름다움을 표현하기 위해서 근본적으로 두피 건강과 모발 건강이 최우선으로 중요하다고 할 수 있다.

　모발 두피학은 모발과 두피를 단순하게 보는 것이 아니라 과학적으로 접근할 수 있게 하였으며, 두피와 모발을 관리 전과 관리 후를 관찰하며 상태를 파악할 수 있도록 실기 위주의 학습이 될 수 있도록 구성하였다.

　1장 두피의 구조, 2장 모발의 특성, 3장 모발의 손상과 성질, 4장 모발 영양학, 5장 모발과 호르몬의 관계, 6장 탈모의 유형, 7장 두피관리, 8장 샴푸와 린스, 트리트먼트, 9장 두피관리 기기, 10장 아로마를 이용한 두피관리 방법, 11장 탈모에 관한 상담, 12장 모발 화장품, 13장 상호 실습으로 구성하였다.

　본서를 통하여 모발 두피관리에 대한 지식을 학습하는 학생들에게 전문 지식과 기술이 전달되어 전문인이 되는 데 도움이 되었으며 하는 바람이다. 출간하기까지 도움을 주신 도서출판 광문각 박정태 회장님과 임직원들께 감사드린다.

2017년 7월 저자

CONTENTS

CONTENTS

두피의 구조

1. 두피의 정의

피부는 세포막이라고 부르는 가장 넓은 조직으로 인체의 내부 기관과 외부 환경 간에 중요한 완충역할을 한다. 피부는 아주 복잡한 생리 기능을 갖고 있으며, 표면 에서부터 표피·진피·피하조직의 3개 층으로 형성되어 있다. 층의 내부에는 혈 관, 분비선, 감각 수용체와 신경을 포함한 많은 조직들과 털, 땀샘 및 피지선 등이 있다. 두개골막을 의하여 두개골의 싸고 있는 두피는 매우 조밀한 신경 분포를 갖 고 있다. 각각의 모상은 피부의 심층부에서 솟아오른 5~12개의 신경섬유를 갖고 있으며, 머리카락을 매개로 하여 감각을 느끼게 한다. 두피는 머리카락과 연결된 피부로, 그 아래는 매우 강한 섬유조직인 모상건막(epicranial aponeurosis)으로 구 성되어 있다.

두피는 두부를 보호하고 있는 피부조직으로 두부 표면을 둘러싸고 있어 외부의 물리적 자극이나 화학적 변화를 완충시켜 두부 내부를 유지하고 보호하는 부분이 다. 두부를 보호하고 있는 두피는 모근부와 한선(소한선)이 발달되어 있으며, 뇌를 외부의 충격이나 압박으로부터 보호하고, 인체의 중금속을 체외로 배출하는 모발 의 생성에 관여한다. 건강한 모발을 생성하기 위한 바탕이 되는 두피는 인체 조직 중 다른 어떤 부분보다도 모낭과 혈관이 풍부하고 신경 분포도 조밀하며 섬세한 구 조를 가지고 있다.

1) 두피의 구성

두피는 표면에서부터 표피, 진피, 피하지방층으로 나뉜다. 표피는 가장 바깥 조직으로 내부 조직을 손상당하지 않도록 보호해 주는 기능을 하고, 진피는 표피의 아래쪽에 있어 두 개의 층으로 되어 있는데 하나는 진피의 표층인 유두층이고 다른 하나는 심층인 망상층이다. 유두층은 표피 바로 아래에 있으며 표피층을 향해서 배열되어 있는 작은 돌기 모양이며, 망상층에는 모낭, 피지선, 한선, 입모근, 지방세포, 혈액세포, 림프세포 등과 같은 구조들이 있다. 피하조직은 진피 밑에 있는 지방조직층으로 그 두께가 개개인의 연령, 성별, 건강 상태에 따라서 다르며 피하조직에는 많은 혈관이 분포하여 모발 성장을 위해 모유두에 혈액을 공급하는 근본 장소로서, 두피에 부드러움을 주고 에너지로 사용할 수 있는 지방이 포함되어 있어 외부의 충격에 대한 쿠션 역할과 두개골을 보호하는 작용을 한다.

- 피부소구(furrow): 피부 표면이 오목한 곳
- 피부소릉(hill): 피부 표면이 올라온 곳
- 피부의 결(texture): 피부소구와 소릉에 의해 형성된 그물 모양의 표면
- 모공: 피부소구와 소구가 교차하는 곳의 모발이 나오는 구멍
- 한공: 피부 소릉의 땀을 분비하는 구멍

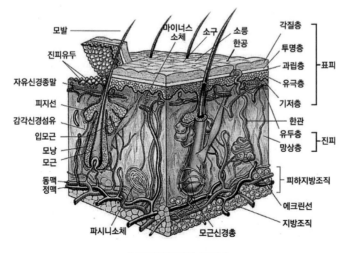

| 두피(피부)의 구조 |

(1) 표피(Epidermis)

표피는 인체의 가장 바깥에 위치하여 외부의 환경과 직접 접촉하는 부분으로 눈으로 볼 수 있으며 자극으로부터 내부를 보호한다. 표피는 체내의 조직을 보호하고 수분 손실을 조절하며 배설되지 않은 몸속의 노폐물인 기름기나 땀을 분비하는 기능을 한다. 두피의 표피 각질은 피부와 같이 28일을 주기로 각화되는데, 기저세포의 분열이 진행됨에 따라 기저층에서 유극층 - 과립층 - 각질층으로 진행된다. 표피는 각질층, 투명층, 과립층, 유극층, 기저층으로 구성되었으며, 기저층의 각질형성세포에서 분열되어 각질층으로 올라가는 동안에 분화(differentiation)와 함께 유핵층과 무핵층이 형성되고, 무핵층은 각질층, 투명층, 과립층이며, 유핵층은 유극층과 기저층이다. 이들 세포 중에는 부속기관으로서 각질형성세포(keratinocyte), 색소형성세포(melanocyte), 인지세포(merkel cell) 등과 랑게르한스 세포(langerhans cell)가 있다. 환경적·유전적 요인에 의해 각화 주기가 영향을 받으면 기저층에서 각질층까지의 이동 기간이 비정상적인 주기를 가진다.

① 각질층(Horny Layer, Cornified Layer)

각질층은 피부의 가장 바깥쪽에 위치해 있으며 10~20층의 편평(무핵)세포로 중첩되어 있고, 생명력이 없는 죽은 세포이다. 피부 보호의 최전방으로서 길이 30μm, 두께 $1/2\mu$m의 무핵층이다. 정상 피부의 각질층인 경우 약 19~20장으로 구성되는 데 비해 예민한 피부의 경우 약 10~12장, 지성 피부의 경우 약 14~15장으로 구성되어 있다. 케라틴(58%), 천연보습인자(NMF: natural moisturing factor 31%), 각질세포간지질(lipid 11%), 수분 등으로 구성하고 있다. 각질형성세포의 마지막 분화 단계인 각질층에 이르면, 각질 외피에 둘러싸인 단백질 형태의 각화된 세포로 존재하다가 얇은 인설로 되어 탈락된다. 기저층에서 새로 분열된 세포들이 각질층까지 올라가는데 14일이 소요되고, 또다시 각질층에서 떨어져 나가는데 14일이 소요되면, 총 28일로서 신진대사 주기인 4주가 경과되어 피부로부터 자연적으로 떨어져 나가는 것이다. 이러한 현상을 표피 박리 현상이라 한다. 이것을 피부의 박리 현상이라고도 부르는데, 이 현상으로 말미암아 피부 속의 불필요한 물질들이 외부로 방출되는 것이다. 그러나 점차 노화되는 과정에서 탈락되어야 할 각질이 제때에 탈락되지 않고 더욱 두껍게 쌓이므로 노화된 피부의 경우 약 30장을 이루기도 한다. 적당한 수분함량은 15~20%가 적정하며 수분함량이 10% 이하이면 피부가 건조하여 거칠어진다. 기능은 외부 손상으로부터 피부를 보호하고, 내부 물질이 피부 밖으로 투과하지 못하게 방어하며 수분의 투과성이 낮아 탈수를 지연시키고 외부의 유해한 자극에 대한 장벽 역할을 하여 물질의 침투를 방지하는 역할을 한다. 또한, 각질층은 피지막을 형성시켜 피부 내부 조직을 보호하며 두피관리를 행할 때 직접 손이 닿는 부분이기도 하다.

② 투명층(Stratum Lucidum)

생명력이 없는 세포층으로 엘라이딘 이라는 반유동적 단백질이 유상으로 녹아 반 고형의 상태를 이루고 2~3층의 생명력이 없는 각화세포로 구성되어 있으며, 특히 손바닥과 발바닥 등의 비교적 두터운 부위에 다수 존재하고 있다. 투명층과 과립층 사이에는 체내의 수분 증발 방지 역할을 하면서 동시에 외부의 이물질 침투를 방지하는 수분 증발 저지막이 있다. 수분 증발 저지막(레인 방어막) 위로는 약산성이면서 10~20%의 수분을 함유하며, 저지막 아래로는 약알칼리성이면서 70~80%의 수분량을 함유한다.

③ 과립층(Granular Layer)

2~5층의 무핵이며 편평한 또는 방추형의 다이아몬드 형태 세포로 구성되어 있다. 각질화 과정이 실제로 시작되는 층으로 각질 효소가 많이 생성되어 피부의 퇴화가 시작되고, 지속적인 퇴화의 증상으로 수분이 결여되어 세포가 건조해진다. 방어막이 있어 외부로부터의 물리적 압력이나 화학적인 이물질을 방어하는 중요한 역할을 한다. 각화 효소가 함유되어 있고 각화 작용이 시

작되는 층이다.

수분이 30% 이내로 감소되며 세포내핵이 사라지는 무핵 층이다. 수분 저지막이 존재하며 수분 증발 및 과잉이나 수분 침투 억제, 유해물질 침투 억제의 기능이 있다. 손·발바닥에서 가장 두껍게 분포하며 세포질 내에 각질유리과립(keratohyaline granules)이 생성되면서 실제로 각질화 과정이 시작된다. 케라틴과 멜라닌이 적극적으로 피부를 보호한다. 케라틴은 피부 보호를 위한 각화 작용을 하고, 멜라닌은 자외선으로부터 피부를 보호하는 작용을 한다. 케라틴과 멜라닌의 비율은 인종마다 차이를 보인다. 흑인은 5 : 1, 황인은 16 : 1, 백인은 36 : 1 이다.

④ 유극층(Spinous Layer, Prickle Layer)

표피의 대부분을 차지한다. 랑게르한스 세포가 존재하며 유극층은 가시돌기 형태의 유극 세포가 존재해 가시층, 극세포층이라고 하며 세포 분열을 일으켜 피부 바깥쪽으로 이동하면서 분화하게 된다. 표피의 대부분을 차지하는 5~10층의 두터운 세포층으로 핵이 있는 세포로서 불규칙한 다각형이며 피부 손상이 심할 경우 세포 분열이 일어난다. 유극세포 사이에 림프액이 순환하고 있어 림프 마사지가 이루어질 수 있는 영역이 되며 세포간교가 잘 발달되어 있다. 피부의 혈액순환과 영양 공급에 관여하는 물질대사가 이루어진다. 유극층은 강한 응집력을 가지며 기저층에서 유극층까지는 수분을 약 70% 정도 유지하고 있어 표피 전체의 영양과 피로 회복을 담당한다. 방추형의 돌기 세포인 랑게르한스 세포(langerhans cell)가 존재하여, 피부 면역에 관련이 있어 이물질인 항원을 면역 담당 세포인 T-림프구로 전달해 주는 역할을 한다.

⑤ 기저층(Basal Layer)

기저층은 배아층이라고도 하며 단층의 원주형·입방형의 약 6 μm 세포로, 짙은 호염성 세포질과 짙게 염색되는 달걀 모양의 핵이 있다. 기저층은 표피의 가장 아래층에 위치하며 기저세포에서는 새 세포인 표피세포를 만들어 크기가 원세포만큼 될 때까지 기저층에 맞대어 있는 진피의 혈관과 림프관을 통하여 영양분을 공급받게 된다. 유극층과 함께 살아 있는 세포층이며, 진피와 경계를 이루는 물결 모양의 단층으로, 진피 유두와 표피 기저와의 경계 표면 돌기에 분포된 모세혈관으로부터 영양을 공급받고 모세 림프관을 통해 노폐물을 배출한다.

케라틴을 만드는 가질형성세포(keratinocyte)와 피부색을 좌우하는 색소형성세포(melanocyte)가 존재하며, 계속 새 세포를 만들어 유극층으로 이동시키고, 피부 표면의 상태를 결정짓는 중요한 층으로서 상처를 입으면 세포 재생이 어려워 후에 흉터가 남게 된다.

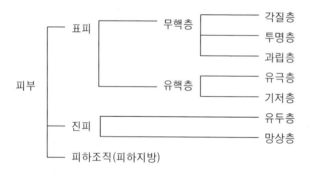

(2) 진피(Dermis)

진피는 표피보다 20~40배가량 두꺼운 표피 밑에 있는 층으로, 두께는 약 2~3mm로써 실질적인 피부로 유두층과 망상층으로 구분되며 피부의 90%를 차지하는 탄력 층이다. 두께는 신체의 각 부위에 따라 0.5~4mm로 다양하다. 풍부한 결합조직으로 이뤄져 있다. 진피는 피부 조직 외에 부속기관인 혈관, 신경관, 림프관, 한선, 피지선, 모발과 입모근을 포함하고 있으며, 주요 성분은 진피 성분의 90%를 차지하는 단백질인 비탄력적인 교원섬유(collagen fiber), 피부의 탄력을 결정짓는 중요한 요소인 탄력섬유(elastin fiber), 망상섬유(reticulin)의 세 가지 섬유로 상호 연결되어 있다. 또한, 결합섬유 사이를 채우고 있는 물질인 무코다당류로 구성되어 신체의 탄력과 윤기를 유지하는 역할을 한다. 교원섬유는 장력을 가지고 있어서 이 섬유가 손상되면 노화로 발전된다고 알려졌다. 진피에는 혈관, 림프샘, 신경, 땀샘, 피지선 등 여러 기관이 분포되어 있으며 외부의 열과 추위, 내부의 불안이나 출혈과 같은 자극에 반응하여 혈관이 확장, 수축됨으로써 체온과 혈압이 조절된다. 진피와 표피가 만나는 기저막은 표피의 들어가고 나온 모양에 따라 진피도 들어가고 나와 있다. 진피는 두피에 영양을 공급하여 두피를 지지하고 촉감·통증·온도에 반응하는 감각섬유가 포함되어 있으며 외부 손상으로부터 두피 내부를 보호한다. 또한, 수분을 저장하는 능력과 체온조절 기능이 있어 감각에 대한 수용체 역할을 하고 두피의 표피와 상호작용으로 인해 두피를 재생한다.

① 유두층(Papillary Layer)

- 표피의 아래층으로 표피와 진피를 이어주며 표피에 영양 공급과 온도 조절을 담당한다.
- 수분을 다량으로 함유하여 피부 팽창 및 탄력을 좌우하고 감각기관인 촉각과 통각을 느낀다.
- 유두 내에는 신경종말인 신경유두와 혈관유두가 분포되어 있다.
- 모세혈관이 풍부하여 기저층에 많은 영양분을 공급함으로써 표피의 건강 상태를 좌우한다.

② 망상층(Reticular Layer)

- 섬유 단백질인 콜라겐과 엘라스틴으로 이루어져 있다.
- 피부가 과잉으로 늘어나거나 파열되지 않게 보호하며 압각, 한각, 온각을 느낀다.
- 표피보다 두꺼우며 굵고 치밀한 아교섬유 다발들이 결합조직으로 서로 엉켜 배열되어 있어 탄력적인 성질이 있다.
- 그물 모양의 결합조직으로서 피부가 넓게 혹은 길게 늘어날 수 있는 탄력성

을 가지고 있다.

콜라겐	교원질에 속하는 단백질로서 피부의 결합 조직을 구성하는 주요 성분이다. 콜라겐은 자외선으로부터 피부를 보호해 주며 피부의 주름을 예방해 주는 수분 보유원이다.
엘라스틴	탄력성이 강한 단백질로 피부 탄력을 결정짓는 중요한 요소이며 엘라스틴이 노화되면 피부의 탄력감이 떨어지고 영양이 결핍되어 피부가 위축된다.
기질 (무코다당류)	진피 내의 세포들 사이를 메우고 있는 당단백질로서 사기 무게의 빛백 배에 해당하는 수분 보유력이 있어 보습과 유연 효과를 부여함으로써 노화용 화장품의 주원료로 쓰인다.

(3) 피하조직(Subcutaneous Tissue)

피하조직은 결체조직으로 이루어진 층이며 때로 지방조직 층으로도 불린다. 진피 밑에 있는 지방을 저장하는 조직으로 개개인에 따라 다르며 외부 충격에 대한 쿠션 역할과 동시에 동맥, 림프관 조직의 순환작용이 이루어져 생체의 에너지로써 활용되는 영양분을 저장하며 체형의 굴곡을 결정짓는 심미적 역할과 열의 발산을 막아 몸을 따뜻하게 보호하는 역할을 한다. 진피와 근육, 뼈 사이에 위치한 피하조직은 열을 차단하고 충격을 흡수하여 몸을 내부를 보호하는 기능과 영양 저장소로써의 역할을 한다. 여성의 경우 피하지방층이 남성보다 더 두꺼우며 귀, 고환, 눈꺼풀, 입을 둘러싸고 있는 근육에는 피하지방이 없다. 피하조직의 발달에 따라 개인의 체형이 결정되며 그 두께는 성별·연령·개인의 영양 상태 및 신체 부위에 따라 다양하다.

(4) 피부의 기능

① 보호작용(Protection)

피부 외측의 유해 요소로부터 신체를 보호한다. 물리적 자극에 대한 보호작용으로 내부 장기를 보호하는 완충작용을 하며, 화학적 자극에 대한 보호작용으로 산과 알칼리의 중화 능력으로 이물질의 침입을 방지하며 멜라닌 생성으로 자외선을 차단하여 피부를 보호한다. 세균 침입에 대한 보호 기능과 태양광선에 대한 보호 기능을 갖고 있다.

② 영양분 교환 기관으로서의 역할

피부는 신체의 신진대사 활성화를 위하여 프로비타민 D가 자외선을 받으면 생체 내에서 비타민 D로 바뀌어 체내에 흡수되며 칼슘의 흡수를 촉진시켜 뼈와 치아의 형성에 도움을 준다. 비타민 D는 과립층에서 비타민 이전 물질, 즉 7-디하이드로콜레스테롤로부터 합성된다. 또한, 칼슘의 내장 흡수, 즉 내장벽을 통해 칼슘이 혈관 안으로 들어오는 데 있어서 필수적이다. 자외선 B는 비타민 D 합성에 있어 필수적이다.

③ 체온조절 작용(Temperature Regulation)

신체에서 발산되는 열량의 70%는 피부를 통해 발산된다. 정상 체온을 유지하기 위하여 기온이 높거나 운동 후 체온이 상승하면 온각이 반응을 보여 한선이 땀을 많이 분비시키고 땀이 인체의 표면에서부터 기화되면서 냉각 효과를 가져다준다. 반대로 외부 온도가 내려가거나 체온이 떨어지면 한각이 반응을 보여 열 손실의 방출을 줄여 주어서 체온조절을 하는 것이다.

④ 분비, 배설작용(Excretion)

땀이나 피지 분비는 두피에 피지 막을 형성하고 인체 내 독소 방출을 함으로써 면역 기능을 하여 세균의 서식을 억제한다.

⑤ 감각작용(Sensory Action)

피부 1㎠에는 통점(100~200개), 촉점(25개), 냉점(6~23개), 온점(0~3개)을 가진다. 촉점은 손가락 끝, 입술, 혀끝에 주로 분포되어 있으며, 온점과 냉점은 혀끝에 많이 분포되어 있고 눈꺼풀, 이마, 뺨, 입술 등의 순서로 분포되어 있다. 샴푸를 하거나 마사지를 할 때 두피에 자극을 주게 되면 두피가 민감해져 모세혈관이 확장되고 약한 자극에도 따갑거나 예민해진다. 또한, 뜨거운 열기와 접촉하거나 영구적 손상을 얻었을 때 모낭 조직이 파괴되어 모발이 더는 자랄 수 없게 되므로 주의한다.

⑥ 호흡작용(Respiration)

피부도 약간의 호흡작용을 하여 피부로부터 독소를 배출하고 혈색을 맑게 해주며, 외부로부터의 산소 공급을 통해 호흡 기능을 보조하고 피부세포의 세포 분열을 도와준다. 두피에 각질이나 이물질이 쌓이게 되면 두피의 모공을 막아 피부 호흡을 막고 염증을 발생시켜 모발이 가늘어지게 되므로 두피의 청결을 통해서 원활한 호흡과 배설을 할 수 있어야 건강한 모발을 유지할 수 있다.

⑦ 흡수작용(Absorption)

두피는 두개골을 감싸고 있는 기능뿐만 아니라, 모발 및 피부의 영양에 필요한 영양분을 각질층의 경로와 피부 부속기관을 통하여 외부로부터의 흡수하는 기능을 가지고 있다. 피지막과 각질층의 피부 장벽으로 인해 흡수가 어렵지만, 모낭이나 한선, 피지선을 통하여 흡수되는 경피 흡수는 피부 지방과 같은 지질이나 입자가 미세한 화장품은 표피를 경유해 피부 상태에 따라 피부 내로 흡수된다. 강제 흡수로는 전기에 의하여 일시적인 방어 기능을 저하시키는 이온토포레시스 방법, 피부 온도를 상승시키는 방법, 각질층의 수분량 증가 및 혈액순환을 증가시키는 방법이 있다.

⑧ 체액 조절(Fluids Regulation)

피부 구성 성분인 케라틴과 지질(lipid) 등이 수분 침투를 저지시킨다. 즉 피부는 체액이 피부 내부에서 나가는 것을 방지하고 피부 외부에서 수분이 침투하지 못하게 한다.

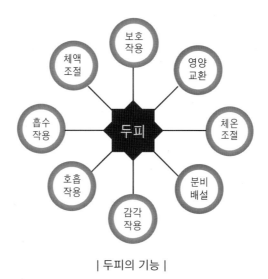

| 두피의 기능 |

2. 두피의 해부적 구조와 기능

우리 인체를 감싸고 있는 부위를 총체적으로 피부라고 말한다. 세부적으로 분리하자면 두개골을 감싸는 부위를 두피라고 한다. 기존 피부 표피의 개념과 달리 모발로 둘러쌓인 부분을 분리시키고 있다. 기능적인 부분에서도 작용하는 부분들이 다르게 진행된다. 두피는 통상적으로 전두골의 시작점인 눈썹부터 후두골 기저면까지의 부위를 말한다. 두피의 해부학적 구조를 보면 제일 바깥쪽은 피부가 덮고 있고 그다음엔 치밀한 결합조직으로 되어 있으며 그 밑은 건막층으로 연결되어 있다. 이 세 층은 단단히 붙어 있는 형태이다. 건막층과 두개골 뼈 사이에 느슨한 결합조직이 있고 두개골 뼈가 구성되어 있다. 두개골 막에 의하여 두개골을 싸고 있는 두피는 외피(표피와 진피로 구성), 두개피, 두개 피하조직의 3개 층으로 구성되어 있다. 얇은 섬유상으로 뼈에 얇게 유착되어 있는 두개골막은 물리·화학적인 방법이 가해지는 외계로부터 뇌를 보호하는 동시에 전신대사에 필요한 생화학적 기능을 영위하는 생명 유지에 불가결한 기관이다. 두개외피(外皮, integument)는 집합적으로 표피라고 불리는 일련의 세포들로서 투명 층을 제외한 얇은 피부로 구성

19

되어 있다. 이는 각질층, 과립층, 유극층, 기저층 등의 여러 층으로 형성되어 있는 초기 두피와 모아 발생을 갖는 후기 두개피로 분화 과정을 나눌 수 있다.

- 치밀결합조직(Dense Connective Tissue): 동맥, 정맥 신경의 가지가 분포되어 있다. 두개외피는 집합적으로 표피라고 불리는 일련의 세포들로서 투명 층을 제외한 얇은 피부로 구성되어 있다. 머리 혈관의 손상 시 심한 출혈이 발생될 수 있다.
- 두개피부(Scalp): 두개골(skull)을 둘러싸고 있는 근육과 연결되어 있는 신경조직인 결막으로 두피(scalp)는 두개골(skull)의 체표를 덮고 있는 두피조직이다. 머리카락이 존재하는 부위이며, 가장 바깥 부위에 위치한다.
- 두개피하조직(Cranium Hypodermis): 지방층이 없으며 얇고 이완된 층으로 쉽게 갈라진다.

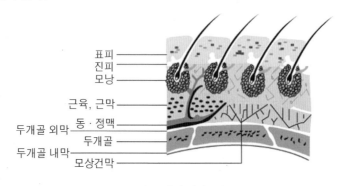

표피
진피
모낭

근육, 근막
두개골 외막 ── 동·정맥
두개골
두개골 내막
모상건막

| 두피의 단면도 |

1) 두상 골격의 구조

(1) 두개골(Skull)

두개골은 머리뼈를 주체로 뇌를 보호하는 뇌두개골과 안면두개골로 나눈다. 두개골은 1개의 뼈로 보이나 실질적으로 23개의 뼈로 구성되어 있는데, 반구형을 갖는 뇌두개(neurocranium)인 뇌를 둘러싸는 뇌두개골은 전두골(이마뼈, 1개), 접형골(나비뼈, 1개), 사골(벌집뼈, 1개), 두정골(마루뼈, 2개), 후두골(뒤통수뼈, 1개), 측두골(관자뼈, 2개)의 8개의 뼈가 톱니 모양으로 되어 있으며, 안면두개골(facial bones)은 비골(코뼈, 2개), 서골(보습뼈, 1개), 상악골(위턱뼈, 2개), 하악골(아래턱뼈, 1개), 구개골(입천장뼈, 2개), 관골(광대뼈, 2개), 설골(목뿔뼈, 1개), 하비갑개(아래코선반, 2개), 누골(눈물뼈, 2개)로 설골을 포함해서 안면부를 구성하는 15개의 뼈로 구성된다. 이러한 두개골은 뇌, 시각기관, 평형청각기관 등을 보호하며 생명 유지에 필요한 소화 및 호흡과 관련된 구강 및 비강 내의 구조들을 포함한다. 두개골의 뇌두개는 크게 4부분으로 살펴볼 수 있다.

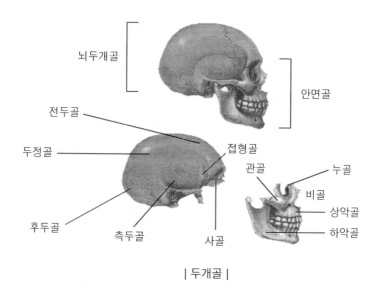

| 두개골 |

① 전두골(이마뼈: Frontal Bone)

두개골 앞면 이마에 있는 조개 모양으로 생긴 한 개의 뼈를 나타내는 부분으로 얼굴과 두발의 경계선인 이마를 형성하고 안와(眼窩)의 대부분을 차지한다. 미간 내에는 1쌍의 빈 곳이 있어 전두동(frontal sinus)이라 하고 이곳은 비강과 서로 통한다. 두개 바닥의 앞부분과 안와의 천정을 형성하며 본래 1쌍의 뼈로 전두 봉합에 의해 연결되어 있지만, 출생 시는 두 개의 뼈로 되어 있다가, 출생 후 1~2년 내에 봉합선이 소실되어 하나의 뼈가 된 것이다.

② 접형골(나비뼈: Sphenoid Bone)

접형골은 두개골의 중간 부분을 형성하고 다른 두개골을 함께 연결해 주는 역할을 한다. 두개 바닥의 중앙부에 위치하는 나비 모양의 뼈가 좌우에 큰 날개(대익: greater wing)와 작은 날개(소익: lesser wing), 날개돌기(익상돌기: pterygoid)로 이루어져 있다. 큰 날개는 안와의 외측 벽과 두개 바닥을 형성하고, 앞쪽으로부터 원형 구멍, 타원 구멍, 뇌막동맥 구멍이 차례로 개구(開竅)하고 있다. 이곳을 통하여 상악신경, 하악신경 및 중뇌막 동맥이 통과한다. 큰 날개와 작은 날개 사이에는 작은 틈새가 열려 있어 두개강으로부터 안와로 빠져나가는 혈관과 신경의 통로이다. 접형골체의 속은 비어 있어 접형동이라 하며 비강과 연결되어 있다.

③ 두정골(마루뼈: Parietal Bone)

두개골 윗면 좌우 한 쌍 머리뼈의 윗벽을 이루고 있는 사각형 편평골로 4면 4각을 가진 접시 모양의 납작뼈이다. 두정골의 외면은 매끄럽고 둥글며 중간 부위에 한 쌍의 두정공이 있고, 두정부와 측부 면의 경계 및 측두근과 부착되는 상·하 측두근이 있다. 두개 폭에서 가장 넓은 부분을 차지하고 양쪽 옆에 위치하며 2개의 뼈로 두정봉합에 의해 연결되었다. 이들 뼈는 두개강(頭蓋腔)의 천장과 측면을 형성한다. 두개골의 상면을 형성하는 네모꼴인 1쌍의 납작 뼈로서 두정골과 두정골 사이의 봉합을 시상봉합이라고 한다. 앞쪽은 전두골과 뒤쪽은 두정골과의 봉합을 'ㅅ(시옷)'자 모양의 관상봉합이라 한다. 아래쪽은 측두골과 접형골로 봉합되어 있다.

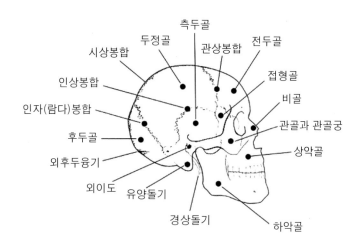

그림-측면

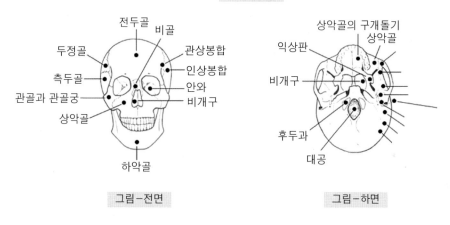

| 그림-전면 | 그림-하면 |

| 두개골 |

④ 측두골(관자뼈: Temporal Bone)

두개골의 외측 부분과 두개 바닥의 일부를 이루는 한 쌍의 뼈로 옆면 좌우 한 쌍으로 두개골 외측 부분의 안쪽 두개 측면 중앙에 있는 복잡한 형태이다. 얼굴 측면 발제선(face line)을 포함한 양빈(兩鬢)이 존재한다. 측두골은 두부(頭部)의 양 측면에 위치하는 뼈로서 아래 측면과 마루의 부분을 형성한다. 측두골은 원래 독립된 뼈였으나, 그 속에 청각 및 평형 감각기가 있어 봉합된 것으로 보이며, 측두골의 바깥 부분은 대부분이 비늘 부분이고, 앞쪽에는 추골돌기와 안와 아래의 측면을 싸고 있는 관골(zygomatic bone)을 형성한다. 후방 부위는 암석 부분이며 비늘 부분에서 전내측으로 돌출하여 두개 바닥의 일부를 형성하고 삼각추 모양으로 그 속에 청각기인 내이와 중이가 있다.

⑤ 후두골(뒤통수뼈: Occipital Bone)

두개관과 두개 바닥의 후저부를 구성하는 두개골 뒷면 뒤통수 부위에 있는 마름모꼴의 뼈로 후두비늘이 관찰되며 후두골 뒷면 중앙부에는 바깥 후두융기(inion, back point)가 있어 두개골 계측에 있어서 중요한 기준점이 되기도 한다. 이 부분은 목선(nape line)과 목 옆선(nape side line)을 경계선으로 하는 포가 존재한다. 마름모꼴의 주걱 모양을 한 후두골은 두개 바닥의 중앙에 큰 후두 구멍이라는 큰 구멍이 있고, 척추관에 이어진다. 앞쪽에는 두정골과의 사이에 'ㅅ(시옷)'자 봉합을 형성하고, 바닥 부분은 앞쪽에서 접형골과 옆쪽에서는 측두골과 연결되어 있다. 후두린은 대공 후방의 편평한 부위를 말하며 외면 중앙에 항인대의 부착부가 되는 외후두융기가 있고, 이를 중심으로 좌우 상하에 목의 근육과 인대들이 부착되는 상항선과 하항선이 뻗어 있다.

⑥ 사골(벌집뼈: Ethmoid Bone)

사골은 육면체형이며 비강의 상부 및 상부의 외측 벽 및 비중격의 일부를 이루는 가벼운 함기골이다. 십자 모양으로 형성되어 있다. 여기에는 10~20여 개의 작은 구멍이 있어 함기성이 강한 입방형의 뼈로서 수평판, 수직판, 외측괴로 구분한다. 수평판은 전두골과 접하여 전두개와의 바닥을 형성하는 부위로 후신경이 통과하는 다수의 후신경공이 열려 있다. 즉 천정을 형성하는 십자 모양의 뼈로서 10~20개의 작은 구멍이 있어 후각신경의 통로가 된다. 두개골 중 하악골과 설골 이외의 뼈는 모두 봉합에 의해 부동적으로 연결되어 있다.

봉합 상태(두개골)	
관상봉합	전두골과 두정골의 봉합
시상봉합	두정골과 두정골의 봉합
인상봉합	두정골과 측두골의 봉합
인자봉합	두정골과 후두골의 봉합

두개골을 형성하는 대부분의 뼈는 얇고 편평하며 뼈의 골화는 뼈의 중심에 있는 골화 중심으로부터 서서히 일어나는데 출생 시에는 골화가 미완성된 대천문(전천문), 소천문(후천문), 전측두천문, 후측두천문이 있으며 적정 시기가 되면 폐쇄된다. 신생아부터 유아기에 걸쳐 두골의 각 봉합 부위에 골질이 결여되어 결합조직만으로 덮여 있는데, 이 부분을 천문이라 한다.

천문(봉합 사이의 막)	
대천문(1)	관상봉합과 시상봉합 사이(생후 만 2년에 폐쇄)
소천문(1)	시상봉합과 인자봉합 사이(생후 3개월에 폐쇄)
전측두천문(2)	관상봉합과 인상봉합 사이(생후 6개월~1년에 폐쇄)
후측두천문(2)	인자봉합과 인상봉합 사이(생후 1년~1.5년에 폐쇄)

(2) 결합조직(Connective Tissue)

인체 외피 또는 몸 내부 장기의 상피조직 아래 분포된 결합조직은 기질, 섬유, 세포 등의 3가지로 구성되어 있다. 즉 세포들이 드문드문 흩어져 있으며 세포간 물질이 무정형의 기질로서 세포 사이를 폭넓게 채우고 있음을 나타낸다.

(3) 두개건막(Meninges)

모상건막 (galea aponeurosis) 후두근 측두근 · 백회 측두근 전두근	• 두개근들을 연결해 주는 것은 머리를 넓혀 준다는 의미이다. • 모상건막은 스스로 움직이지 못하고 근육들에 의해 움직여진다. • 두피의 백회 자리를 중심으로 전두근, 측두근, 후두근들을 잡고 있다. • 모상근막이 얇아지면 두개골과 두피의 사이도 얇아지고 탈모 현상이 일어나게 된다. • 전두근의 모상건막이 늘어나면 이마의 주름이 생기고, 측두근과 후두근의 모상건막이 늘어나면 목에 주름이 생기게 된다.

① 경막(Dura Mater)

경막은 뇌와 뇌척수를 감싸고 있는 뇌척수막이라고 불리는 세 개의 막 중에 외층을 말한다. 두개골 안에서 뇌의 바깥쪽을 둘러싸고 있는 거칠고 빛이 나는 섬유막으로 척수를 둘러싸고 있는 척수경질막(dura mater spinalis)과 연속되어 있다. 뇌 자체는 감각신경이 없어서 통증을 느끼지 못하므로 대부분의 두통은 뇌막이나 뇌혈관에 분포하는 신경으로부터 비롯된다. 뇌경질막 주름은 2겹의 경질막 층으로만 구성되어 두개골에 단단히 부착되어 있기 때문에 두개골의 골막(periosteum)과 융합되어 있어 이 두 층을 분리하기가 쉽지 않다.

② 지주막(Arachnoid Membrane)

지주막인 거미막은 희고 얇은 반투명의 막이 한 층으로 되어 있고, 섬유모세포(fibroblast)의 세포질 돌기와 약간의 결합조직 섬유로 구성되어 있으며 혈관이 없는 얇은 결합조직막으로 뇌경질막과의 사이에 뇌에 공급되는 혈관들이 분포하고 있다. 뇌척수액이 고여 있는 경막하강이라는 아주 좁은 경질막으로 된 밑 공간이 있으며, 아래쪽 뇌연질막과의 사이에는 지주막하강이라는 거미막 밑 공간이 있다. 지주막은 경막하 공간과 지주막하 공간에 의해 경막과 연막으로 분리된다.

③ 연막(Pia Mater)

연막은 뇌연질막으로서 얇고 투명한 막이며 혈관을 많이 함유한 성긴 결합조직막(loose connective tissue membrance)으로 뇌실질의 표면에 부착되어 뇌와 구분이 잘 안 된다. 뇌와 척수를 둘러싸고 있으며 혈관이 풍부하게 형성되어 있는 섬세한 내층의 뇌척수막으로 망상조직들을 운반한다. 미세한 혈관들은 뇌의 표면에 접촉되어 뇌와 뇌척수의 뇌회를 따라가며 신경조직들에게 혈액을 공급한다. 연막 섬유들은 뇌와 척수로부터 분리되는 신경의 신경주막을 조성하며 경막과 경막관으로부터 신경이 없어지는 곳에서 융합된다. 연막은 뇌구를 따라가며 실제로 뇌의 뇌실벽을 조성하는 근막의 가장 중심관으로 발생학적으로는 발육되면서부터 뇌와 척수와 함께 형성된다.

3. 두피 손상의 원인

두피 손상의 원인은 내적인 원인과 외적인 원인으로 나눌 수 있다.

1) 내적인 요인

두피 손상의 원인 중 가장 문제가 되는 부분으로 호르몬 분비의 이상, 식생활, 소화기관 이상, 스트레스로부터 두피 손상이 나타남을 의미한다. 이런 손상은 일반적으로 사용하는 제품이나 기기 등만으로는 효과를 보기 어렵다. 따라서 두피 손상의 내적 요인인 호르몬이나 라이프 스타일 및 건강 상태를 조절해야 한다.

• 남성호르몬 분비의 이상: 두피의 피지 분비와는 매우 밀접한 관계가 있어서 남성호르몬이 과다 분비되면 피지 분비를 촉진하고, 결국 지성 피부로 만들어 탈

모로 이어질 수 있다.

- 올바르지 못한 식생활과 소화기관의 이상: 우리 몸의 소화기관은 영양을 섭취 → 분해 → 흡수 → 혈관으로 보내는 역할을 한다. 두피는 단백질을 주원료로 하기 때문에 소화기관에 문제가 있거나 영양분이 충분히 섭취되지 못할 경우 두피의 염증을 발생시키고 모발 성장을 방해하는 등 이상 상태를 일으킨다. 특히 비타민의 결핍은 두피 건강과 탈모에도 큰 영향을 미쳐 두피를 건성화, 지성화로 만들 수 있어 균형 잡힌 식단이 요구된다.

2) 외적인 요인

외부적 요인에 의해 두피에 외상이 나타나는 것으로 두피 손상의 외적인 요인은 크게 물리적 · 화학적 · 환경적 요인으로 구분되며 두피 조직 전체가 파괴된 경우를 제외하면 대부분 내적인 요인으로 인한 손상보다 외적 요인으로 인한 손상이 크다.

(1) 물리적 요인에 의한 손상

일상적인 요인으로 잘못된 샴푸 시 두피에 자극을 주거나 브러싱, 업스타일 실핀에 의한 자극, 가발 착용, 세팅, 드라이 등으로 두피에 상처가 나 두피 예민화를 야기시킨다. 물체에 의해 두피가 외상을 입은 경우 두피에 염증을 유발하여 탈모로 이어질 수 있으며 심각한 경우에는 반흔성 탈모로 이어질 수 있다.

(2) 화학적 요인에 의한 손상

물리적 요인에 의해 손상된 두피보다 심각한 상태를 야기하며 화학약품과 모발 및 두피 간의 화학반응으로 인해 발생하는 두피 손상을 말한다. 즉 염색제나 스타일링제, 잦은 파마 등으로 두피에 자극을 주거나 피부 염증을 불러일으켜 모발과 두피 건강에 악영향을 미친다. 또한, 제품 선택의 잘못된 판단에 따른 문제성 두피의 상태 악화 및 잘못된 시술 방법에 의한 두피 손상으로 나타날 수 있다.

(3) 환경적 요인에 의한 손상

두피의 오염물 누적으로 손상을 일으키므로 진행 과정이 느려 일정 기간이 지난 후에 서서히 발견되는 현상이 있기 때문에 손상 정도를 초기에 파악하기는 힘들지만 정기적인 관리를 해주게 되면 충분한 관리 효과를 볼 수 있다.

모발의 특성

1. 모발(Hair)의 정의

모발은 포유류 특유의 피부 부속기관으로, 모모의 상피세포가 케라틴 섬유로 단단하게 밀착된 각화세포로 이루어져 있으며, 촉각이나 통각을 전달하고 외부의 화학적, 물리적 자극으로부터 신체를 보호하는 기관이다. 모발은 손바닥, 발바닥, 입술, 유두를 제외한 신체 부위에 따라 두발, 수염, 액모, 음모, 체모 등으로 구분된다. 모발의 역할은 크게 기능학적 의미와 미용학적 의미로 나눌 수 있다. 기능학적 의미에서의 털은 외부의 추위, 더위, 직사광선으로부터 인체의 중요 기관을 보호하며, 인체에 존재하는 털은 자라는 부위에 따라서 벌레, 땀, 먼지 등의 이물질이 인체로 침입하는 것을 막아 주는 보호의 기능도 지니고 있다. 모발은 외부로부터 물리적 충격이 가해질 때 쿠션(cushion) 역할을 하여 손상을 최소화할 뿐만 아니라 체내 노폐물의 배출 및 신체에 불필요한 수은, 비소, 아연 등의 중금속을 흡수하여 체외로 배출하는 기능을 가지고 있다. 시스틴이라는 아미노산 단백질은 인체에 흡입되어진 중금속 성분과 결합하는 힘이 강하여, 바로 모발의 성장과 동시에 몸 밖으로 나오게 된다. 모발이 건강할 때 가장 많은 양의 인체 누적 중금속이 배출되므로 모발의 손상과 탈모는 인체 내의 중금속 배출을 저해하는 요소 중의 하나이다. 마약 복용자의 경우 1년 전이나 몇 개월 전부터 주사한 마약, 대마초의 흡입 여부를 모발 채취를 통한 검사로 확인이 가능하다. 만약 모발이 염색이 되어 있다면 체모를 채취하여 검사한다. 또한, 털은 피부와 피부 사이의 마찰을 감소시키는 기능을 하여 피부의 손상을 감소시키고, 외부의 자극으로부터 반응하는 감각기관의 역할도 가지고 있다. 미용학적 의미에서의 털은 장식의 역할로 볼 수 있으며 남성, 여성의 특징을 나타내며 헤어스타일과 색상을 표현하는 것만으로도 그 사람의 외모를 결정짓는 중요한 요소로 작용하기 때문에 현대에 와서는 털의 기능적인 면보다는 미용학적 면이 크게 부각되고 있다.

보호작용	외부의 충격으로부터의 쿠션의 역할과 직사 일광, 한랭, 마찰, 위험 등의 외부의 자극으로부터 보호
감각기로서의 역할	모근의 지방선과 입모근의 약간 얇은 부분에 지각신경이 방사상으로 분포되어 자극에 반응
배설기로서의 역할	인체에 유해한 물질들은 일부가 모유두를 거쳐 모간에 흡수되는데 이처럼 모발을 통해 체외로 배출
개인적인 장식의 역할	커트, 파마, 염색, 탈색 등

2. 모발의 구성

모발은 털과 모낭, 모유두, 부속기관으로 구성되어 있다. 털의 구조를 보면 피부 밖으로 나와 있는 부분과 피부 속에 들어 있는 부분으로 나눠진다. 피부의 모공 밖에 있는 부분을 모간이라 하고 피부의 속에 있는 부분을 모근이라 한다. 피부 속에 매몰된 모근은 하단이 양파 뿌리처럼 커져 있어 이 부분을 모구라 부르며, 모구의 하단은 가운데가 함몰되어 있어 모유두를 에워싸는 형상을 하고 있다.

모구의 하반부는 모모, 혹은 모모기라 하여 모발이 생성되는 곳으로 여기에서 만들어진 모발은 모구의 위쪽 병목 같은 부위에서 각화한다. 이 부위를 각화대라고 한다. 털의 뿌리가 최초로 생기는 모습은 피부 표피에 세포가 모이고 따라서 그 부위의 표피 밑이 불룩하게 융기가 생긴다.

■ 구성 성분

모발은 18종의 아미노산인 케라틴으로 구성되어 있으며, 14~18%의 시스틴을 함유하고 있다. 케라틴은 물리적으로 강도가 강하고 탄력이 크며 여러 종류의 화학약품에 저항력이 강하며 모발의 화학적인 성분은 여러 가지 색에 따라 다르고 어두운색의 모발은 보다 많은 양의 탄소와 적은 양의 산소를 가지고 있다. 밝은색의 모발은 이와는 반대의 화학적 성분으로 이루어져 있고 탄소 45%, 수소 6%, 질소 15%, 유황 5%, 산소 28%로 구성되어 있다. 모발의 주성분은 단백질의 일종인 경케라틴 80~90%으로 이루어져 있으며, 그 외에 수분(10~15%), 멜라닌 색소(3% 이하)와 지질(1~8%), 미량원소(0.6~1%) 등이 포함되어 있다. 케라틴은 물리적인 강도가 강하고 탄력이 있을 뿐만 아니라 화학약품에 대한 저항력도 강한 편이다. 다른 단백질과 달리 경케라틴으로 되어 있어 부패하지 않는다.

① 케라틴 단백질

모발은 양모와 마찬가지로 동물성 천연섬유이며, 18종의 아미노산으로 구성되어 있고, 아미노산의 배합이 다르기 때문에 서로 다른 단백질 구조를 갖는다. 아미노산은 탄소(C) 약 50%, 산소(O) 약 22%, 질소(N) 약 17%, 수소(H) 약 6%, 황(S)약 5% 등의 원소로 구성되어 있다. 모발은 경케라틴이라고 불리는 황을 포함한 섬유상 단백질이며 모발의 주성분인 단백질은 시스틴을 15~18%로 가장 많이 포함하고 있다. 그래서 모발을 태우면 냄새가 나는데 이는 시스틴이 분해되어 생긴 유황 화합물의 냄새이다.

② 멜라닌 색소

멜라닌 색소는 멜라노사이트에서 티로시나아제라는 효소의 생합성에서 시작된다. 이 효소의 작용에 의해 아미노산의 일종인 티로신이 단계를 거쳐 최종적으로 멜라닌 색소가 만들어지는데 이 멜라닌 색소가 모발을 착색시키고 자외선으로부터 모발을 보호한다.

③ 지질

모발의 지질에는 피부와 마찬가지로 피지선에서 분비된 피지와 함께 모피질 세포가 가지고 있는 지질을 함유하고 있다. 모발의 친유성 부분은 모표피의 외측으로 개인차가 있지만 모발 전체에서 약 1~9%를 차지한다. 피지의 분비량과 조성은 내부 요인과 외부 요인에 따라서 영향을 받기 때문에 개인차가 크고, 일반적으로 피지의 분비량은 하루에 1~2g 정도이며, 피지선은 두부에 1cm² 당 400~900개 정도이다. 모발의 지질은 유리지방산(56%)이 주성분이고 중성 유지분(44%)을 함유하고 있어 모발의 표면에 효과를 많이 미친다.

④ 수분

보통 자연 상태에서는 10~15%를 함유하고 있고 샴푸 후는 30~35%, 드라이 건조 후에는 10% 정도 함유한다. 수분함량이 10% 이하인 경우 건조모라고 하며, 정상 모발보다 수분의 흡수량이 크며, 수분의 양은 습도와 온도에 따라 좌우된다. 습한 공기 중에서는 수분을 흡수하고 건조한 공기 중에서는 수분을 발산하는 성질이 있기 때문에 수분 측정량은 온도 25℃, 습도 65%에서 정확한 결과를 얻을 수 있다.

⑤ 미량원소

모발을 건강하게 유지하는데 필수적인 요소로 탄소, 수소, 질소, 황 등이 있으며, 모발 색소의 구성에 영향을 미친다. 퍼머넌트로 인한 웨이브 모발은 금속과 쉽게 결합하여 금속의 흡착량도 많게 된다. 모발에 포함되어 있는 미량원소의 종류에 따라 모발 색의 구성에 영향을 끼치며 모발 전체의 약 0.6~1%를 차지한다. 백발은 니켈(Ni)이 관여하고, 황색 모는 타이타늄(Ti), 적색 모는 철(Fe), 흑발은 구리(Cu)의 함량에 의해 결정된다.

3. 모발의 기능

　신체는 열의 발산을 억제하고 몸을 따뜻하게 한다. 털을 움직이게 하는 작은 근육이 각 털마다 붙어 있어서 신경작용에 의해 추울 때 털을 움직여 추위로부터 체온을 유지해준다. 또한, 털은 이차 성징(sexual character)의 하나로 성적인 발달의 표시가 된다. 자외선이나 추위, 더위, 기타 충격으로부터 인체를 보호하고 특히 머리카락은 외부로부터 오는 충격으로부터 두피와 두뇌를 보호하기 위해 존재한다. 갑상선질환, 호르몬의 이상뿐만 아니라 영양분의 부족, 철분의 부족 등이 있을 때 또는 심한 스트레스나 마취 후에도 탈모가 생길 수 있어 건강의 지표가 되기도 한다. 털에는 감각기능이 있어 미세한 자극에도 감지하여 반응할 수 있다. 몸에서 열이 많이 날 때는 표면적을 넓혀서 땀의 발산을 증가시킨다. 머리카락은 태양광선으로부터 두피를 보호해주고 눈썹이나 속눈썹은 햇빛이나 땀방울로부터 눈을 보호해주는 역할을 한다. 모발은 유해한 중금속 등을 체외로 배출하는 역할을 하고 머리카락은 혈액의 순환에 의한 영양분으로 성장하기 때문에 혈액 내에 있던 유해한 성분들이 머리카락을 통해 체외로 배출하게 되는 것이다. 우리 인체에서 쉽게 장식을 할 수 있는 부분이 바로 모발이다. 헤어스타일과 컬러를 다르게 표현하는 것만으로도 매우 다른 느낌을 줄 수 있기 때문에 개성을 중시하는 요즘은 개인적인 장식의 기능이 보호의 역할만큼이나 크게 부각되고 있다.

머리카락	태양의 직사광선으로부터 두피 보호
눈썹, 속눈썹	햇빛, 땀방울, 빗물, 먼지로부터 눈을 보호
콧속의 털	외부의 먼지를 걸러 줌
피부가 접히는 부위의 털	마찰을 감소시켜 줌

4. 모발의 발생

모발의 성장은 태내에서부터 시작된다. 태아의 체모 세포는 모발에 관한 부모의 유전성을 가져 모발이 갖게 될 형태 및 특성은 모태에서 이미 결정되며, 출생 후에는 일정한 모낭의 수를 갖는다. 태아가 성장함에 따라 피부가 함몰되면서 모낭이 되고 모낭의 가장 하부에 모유두가 만들어진다. 모낭은 임신 3개월 된 태아의 몸에 만들어지기 시작하여 6개월이 되면 완성된다. 모체에서 하나의 세포로 이루어진 수정란은 세포 분열에 의해 기하급수적으로 증가하여 태아로서 인간의 형태로 만들어지는데, 일반적으로 태아 9~12주 때 모낭이 형성되어 12~14주 때 모발의 성장이 시작된다.

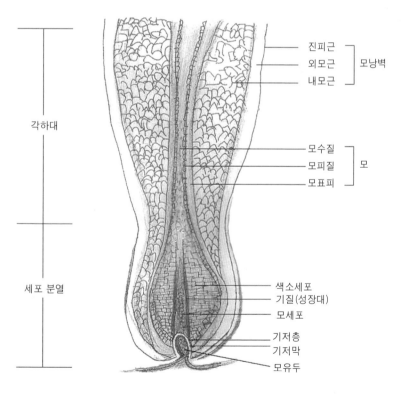

| 모발의 발생 |

1) 모발의 기원

인체는 각기 모양과 기능이 다른 60~100조 개의 세포로 이루어져, 그 하나를 구성하는 세포는 각기 똑같은 DNA를 가지고 있다. 이 모든 세포의 생성이 수정란에서 거치는 세포 분열, 즉 유사 분열의 과정을 통해서 이루어지는데 모발 또한 이와 같은 과정을 통해서 만들어진다. 수정란의 세포 분열 과정을 거쳐 10~11일째부터 닝배기에서 내배엽, 중배엽, 외배엽이 형성되며 모낭은 9~12주 사이에 태내의 외배엽에서 생성되는데 이때 배벽의 함입으로 생겨난 안쪽 벽을 내배엽이라 한다. 소화기 계통의 내장이 형성되고, 바깥쪽 벽을 외배엽이라 하며 뇌, 신경계, 피부, 모발이 형성된다. 이들 사이로 퍼져 가는 세포들이 중배엽을 형성하는데 신장, 혈관, 골격, 근육, 심장, 생식선 등이 형성이 된다. 모발은 모낭에서 형성되어 성장해 가는데 모낭과 신경 계통은 외배엽에 있는 세포 덩어리에서 분화되어 발생하는 것으로 알려져 있기에 모발은 외배엽에서 기원된다고 할 수 있다. 임신 12~14주에 태아의 모발은 성장하고 인종, 연령, 성별, 몸의 부위에 따라 모발의 분포, 굵기, 모질, 색, 형태, 성장 속도 등이 결정되어 나타난다. 모발은 피지선 및 한선과 같이 태생기 때 발생

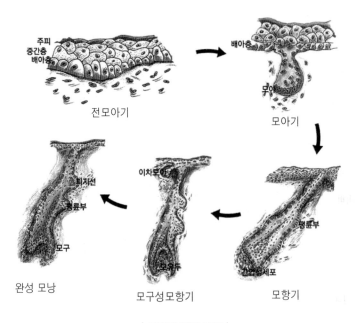

| 모발의 발생 과정 |

하며 피부의 발생과 같은 원리로 각화 현상이 진행되어 한 가닥의 모발이 생성된다. 모발의 발생은 최초의 모낭이 만들어졌을 때부터 시작되며, 사람의 모낭은 표피 배아층의 세포가 모여 촘촘한 집합체를 이룬 모아의 세포군이 분열을 일으켜 성장한다. 모낭을 구성하는 세포는 피부의 표피로부터 유래되는데, 출생 시에 완성되며, 모낭의 숫자는 태어날 때에 결정되므로 살아가는 동안 모낭이 새로 생겨 모발의 숫자가 증가하는 일은 없다.

① 전모아기

모발은 표피의 함몰로 모낭이 형성되면서 시작된다. 사람의 표피는 태생 초기에는 한 층의 세포가 배열되어 있는 것에 불과하나 태아의 성장이 진행됨에 따라 3개의 층이 되며, 안쪽부터 배아층, 중간층 및 주피로 구성된다. 모낭이 형성되는 것을 알려주는 초기의 표시는 표피의 배아층으로, 이것이 모낭의 최초 출발점이 된다. 모낭 형성에서 발견되는 형태를 모아라고 부르고, 모아가 형성되기 시작하는 단계로 모낭의 형성 이전을 전모아기라고 한다. 이 단계에서 표피는 일반적으로 배아층의 세포와 주피의 2층으로 되어 있는 경우가 많은데, 이때 중간층의 세포는 이미 분화되어 있는 경우도 있다.

외배엽	외배엽은 신경계를 형성하는 것 외에도 피부의 표피가 되며, 외배엽에서 유래된 상피는 침샘, 땀샘, 감각상피 등으로 분화한다.
중배엽	중배엽에서 근육, 골격, 혈액, 순환기관, 배설기관과 생식기관 등의 중요 부분이 분화된다.
내배엽	내배엽은 발생이 진행에 따라 소화기관(식도·위·장)의 내피(內皮), 내분비기관(흉선·갑상선), 호흡기관(폐·아가미) 등으로 분화된다.

② 모아기

임신 14주경부터 전모아기는 급속하게 모아기로 이행되고, 배아층의 중간층 세포가 진피 속으로 함몰되어 간다. 이 경우 발달된 중간층 세포는 바깥을 둘러싸고 있는 배아층 세포 속으로 진입하여 모아의 중심부를 형성해 간다.

③ 모항기

임신 18주경부터 모아는 맨 끝 부근에 있는 간엽성 세포 집단에 끌려오듯이 진피 내에 침입하여 마치 피부 속에 1개의 기둥 모양으로 진피 내에 깊숙이 형성되는 시기로 기둥이 박혀 있는 듯한 형태가 된다. 이와 같은 단계를 모항기라고 부른다.

④ 모구성 모항기

모아가 진피 속으로 침입해 들어갈 때 표피 면과 모아의 기둥은 일정한 각도를 이룬다. 예각 쪽은 앞면, 둔각 쪽은 뒷면이며, 뒷면에는 피지선이 자리 잡고 있다. 모항기가 지나면서 모낭 기둥 면에 피지선과 기모근의 근원 부분이 부풀어 오르고 모낭 끝이 둥글어지며 간엽성 세포 집단이 모유두의 형성을 예고하는 시기이다.

⑤ 완성 모낭

조직의 분화로 모발을 만들어 낼 수 있는 성숙한 모낭을 완성 모낭이라고 한다. 출생 시 이와 같이 발달된 모낭은 모발 조직으로서 각 부분으로 분화되어 간다. 즉 모모세포와 모유두로 이루어진 모구, 모구의 상단부에서부터 팽륭부에 이르는 모낭 하단부, 팽륭부와 피지선의 좁은 부분인 협부, 피지선과 표피 사이의 누두부로 나뉜다. 이 모낭이 성숙한 형태로 발달하면 피지선이 형성되고, 그 후 모낭 벽에 붙어 있는 입모근이 생성되며, 마지막으로 모낭의 밑에 연결되어 있는 모유두가 형성된다. 이 모유두와 접하고 있는 분분의 모모세포가 모유두의 영양을 공급받아 세포 분열을 하여 새로운 모발을 생성한다. 따라서 모발의 발생은 모모세포가 모유두에서 영양을 받아 분열되어 모발의 형상을 갖추면서 성장한다.

5. 모발의 구조

인체에 존재하는 털 중 약 10% 정도를 차지하고 있는 두발은, 두발 특유의 강한 단백질 결합과 복잡한 구조의 결합 형태를 지니고 있어 쉽게 변형되지 않는 특성을 가지고 있다. 두발도 구조 및 생성 원리를 살펴보면 피부와 같은 외배엽에서 파생된 것이다. 일반적으로 모발은 두피의 피부층 안쪽을 모근, 외부 쪽을 모간이라 부르며 이 두 가지를 합쳐 모발이라 한다. 모발은 모간부와 모근(hair root)부로 나눌 수 있다. 모간(hair shaft)부는 두피 바깥으로 나와 있어 우리의 눈에 보이는 부분을 말하고, 모근부는 두피의 표피 아래쪽을 통칭한다. 모발의 생리학적 현상은 모발의 모근부에서 일어나며 세포 분열을 통한 모발의 생성과 성장, 이탈까지의 모든 과정에 관여한다. 하지만 같은 조직에서 파생된 모발이라도 모간부의 세포는 그 이상의 세포 분열은 하지 않는 죽은 세포로 구성되어 있으며 모근부는 완성한 세포 분열을 하는 모모세포가 존재해 있다. 모간부는 외측부터 모표피, 모피질, 모수질로 구성되며, 모근부는 모낭과 모구, 모유두, 모모세포, 내·외모근초, 피지선, 기모근 등으로 구성되어 있다.

태아 모발의 발생	
태아 4~8주	피부, 털, 성별 등의 유전 형질 결정, 8주에 머리 형성
태아 9~11주	머리, 몸통, 사지로 3등분 구분
태아 12~15주	모근 형성, 피부층 강화
태아 16~19주	모발 생성, 지문 형성
태아 20~23주	모발색이 진해지며, 피부층 혈관 형성, 약 30cm
태아 24~27주	피부 지방분비 촉진, 피부 톤이 붉어지며, 약 35cm
태아 27~31주	피하지방 생성되며, 취모의 연모화 진행, 약 42cm
태아 32~35주	모발의 길이 3cm, 피부 체온조절 가능
태아 36~39주	모발의 연모화, 피부 주름 사라짐(피하지방 발달), 약 45cm

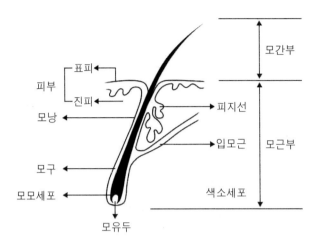

1) 모근(Hair Root)

모발 성장의 근본이라고 할 수 있는 모근은 나무의 뿌리와 같은 역할로 모발에 필요한 영양분을 혈관으로부터 공급받아 세포 분열 과정을 통하여 모발을 만들어 내는 부분이다.

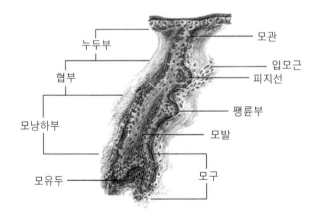

(1) 모근의 분류

모근은 크게 모누두부, 협부, 모낭 하부로 나뉜다.

① 모누두부는 각질층에서부터 피지선 관 입구까지의 부분을 말하고, 표피는 주변 피부 표피와 연결되어 있어 일반 표피와 유사한 각질화를 보인다. 일반 표피보다 증식 능력이 더 좋고 상처가 발생했을 경우 이 부위의 표피가 증식하여 상처를 치유하는 것으로 알려져 있다.

② 협부는 피지선 관 입구에서 기모근(arrector pili muscle) 부착 부위 위쪽까지를 말하며, 특히 기모근이 부착된 협부의 하부는 팽륜부(bulge)라고 불리며 이 부위에 표피줄기세포가 존재하는 것으로 알려져 최근 많은 관심을 보이는 부분이기도 하다. 이 부위가 염증으로 인해 손상을 받는다면 치료에도 불구하고 다시 모발의 재생을 볼 수 없는 반흔성 탈모가 발생하게 된다.

③ 모낭 하부는 모낭의 기저부에서부터 기모근 아래까지를 말한다. 모낭 기저에는 모유두의 느슨한 연결 조직을 둘러싸고 있으며 여기서 끊임없는 세포분열이 일어나는 곳으로, 모구(hair bulb)와 모유두(dermal papilla)로 구성된다. 모유두는 중배엽(mesenchymal)에서 유래했으며, 섬유모세포(fibroblast), 콜라겐, 다당류 등으로 구성되었고 외배엽과 중배엽의 조화로 결정되는 이 부분의 활동이 모발의 굵기, 길이, 성장기의 기간 등을 결정하게 된다. 모구는 모유두를 둘러싸는 구조물이다.

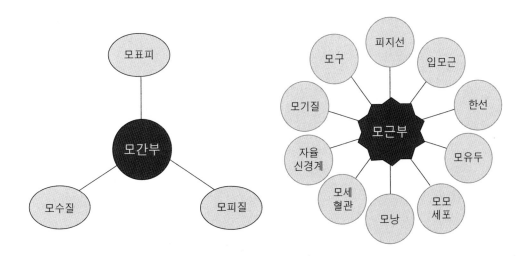

(2) 모근부의 구조

① 피지선(Sebaceous Gland)

모근 부위의 윗부분으로부터 1/3 지점에 부착되어 있고, 피지선에서 만들어진 피지의 일부는 그 모낭 내에 있는 털이 성장하면서 함께 올라와서 털의 둘레를 싸고, 모낭 내에서 모공으로 나와 모간부로 전달되어 모표피의 보호 및 모발을 윤기 있게 하고 보호한다. 일부는 모낭벽을 따라서 피부 표면에 퍼지며 피부를 매끄럽게 하는 동시에 피부에서 수분이 증발되는 것을 방지하며, 외부로부터의 세균 침입을 막아주어 피부를 보호한다. 피지의 분비량은 개인에 따라 분비량이 달라지며 손, 발바닥을 제외한 전신에 분포되어 있으며, 피지 분비량은 1일 1~2g 정도 분비된다. 피지의 작용으로는 수분 증발 억제, 살균작용, 유화작용, 흡수조절작용, 비타민 D의 생성작용을 한다.

② 기모근(Arrector Pili Muscle)

모근 부위의 아랫부분으로부터 1/3 지점에 위치하며 불수의근으로 자율신경에 의하여 수축되면 피지선을 압박하여 피지(sebum)를 분출시키며, 추위나 공포를 느꼈을 때 수축되어 모발을 세워 소름(soose tresh)이 돋게 만드는 근이며, 갑작스런 온도 변화에 근육이 수축하면 모공이 닫히게 되어 체온 손실을 막아준다. 눈썹, 속눈썹, 코털, 얼굴의 솜털의 일부 등에는 존재하지 않는다.

③ 한선(Sweat Gland)

땀을 분비하는 외분비선인 땀샘은 소한선과 대한선으로 나뉜다. 땀의 형태로 노폐물과 수분을 신체 밖으로 배설하며 수분과 열을 조절하여 두피에 적당한 수분을 유지하는 역할을 한다. 땀샘은 피부의 진피층에 위치해 있으며 온몸에 약 200~400만 개가 있다. 땀샘의 주위를 모세혈관이 그물처럼 둘러싸고 있는데, 혈액으로부터 걸러진 노폐물과 물이 모세혈관에서 땀샘으로 보내져

땀이 생성된다. 땀샘의 끝은 실꾸러미처럼 뭉친 덩어리로 되어 있고 하나의 긴 관을 내어 피부 표면에 땀구멍을 열고 있어서 이 관을 통해 땀을 분비한다. 몸 전체에 땀샘이 분포되어 있어서 날씨가 덥거나 운동을 해서 체온이 오르면 땀을 분비하여 체온을 조절한다.

■ 소한선(Ecrin Gland)

- 몸 전체에 분포되어 있고 특히 손바닥, 발바닥, 이마에 집중적으로 분포되어 있다.
- pH 3.8~5.6의 약산성 무색이며, 무취의 맑은 액체를 분비한다.
- 모공과 분리된 독립적인 한선이다.
- 99% 수분과 Na, Cl, I, Ca, P, Fe 등으로 구성되어 있다.
- 혈액과 더불어 신체 체온 조절의 중요한 역할을 한다.
- 운동이나 온도에 민감하다.

■ 대한선(Apocrine Gland)

- 모낭에 부착된 코일 형태의 구조이며 피지선의 구멍을 통해 땀을 분비한다.
- 분비 전에는 무색, 무취이나 분비 후 공기와 만나 산화되어 냄새가 나며, 또한 그곳에 있던 세균들이 땀 속에 있는 지방 성분을 분해하여 지방산을 만들기 때문에 나는 냄새이다.
- pH 5.5~6.5의 단백질 함유량이 많은 땀을 생성한다.
- 모낭에 부착된 작은 나선형 구조를 가진다.
- 소한선보다 크며 피부 깊숙이 존재한다.
- 겨드랑이, 생식기 주위, 유두 주위에 분포되어 있어 액취증을 유발한다.
- 감정이 변화될 때 작용이 활발하다.
- 호르몬의 영향으로 남성보다 여성이 월경 전과 월경 중에 많이 분비되나 임

신 중에는 감소된다.

에크린선	앞이마, 손바닥, 발바닥에 있고 몸 전체에 퍼져 있으며, 에크린선의 땀은 무색, 무취로서 99%가 수분이며 혈액과 더불어 신체 체온 조절 기관이다.
아포크린선	나선 모양의 분비선은 에크린선에 비해 몇 배 크므로 대한선이라 하며, 아포크린선에서 분비되는 땀에는 좋지 않은 냄새가 있으며, 양이 적고 단백질, 탄수화물을 함유하고 있고 배출되면 빨리 건조하여 모공에 말라붙는다.

④ 모낭(Hair Follicles)

모낭은 모근부를 감싸고 있는 내·외층의 피막으로 모발은 모낭에서 만들어지며 머리털이 자라는 주머니 모양으로 모낭의 깊이는 탈모가 될 때 표면 가까이로 이동한다. 모낭의 수는 태어날 때부터 결정되고 어릴 때는 연모이면서 모든 모낭에서 모발이 나오지는 않으나, 사춘기가 되면 모낭에 싸여 있던 모발이 모두 나오게 되고 굵어지면서 경모가 된다. 모발이 모유두에서 모공까지 도달할 수 있도록 보호하고, 태생 9~12주에 생성되며 모발을 보호하거나 모발을 고정시켜 준다. 모낭은 크게 상피성 모낭과 이를 감싸고 있는 결합조직성 모낭으로 나누어지며, 이 두 모낭 사이에는 얇은 막 형태의 초자막이 존재하고 있으며, 내모근초는 모낭 중 모발과 가장 근접하고 있으면서 모발을 보호하는 부분으로 성장기 모발을 강한 힘으로 뽑을 경우 모발과 함께 끌려 나오는 젤리 형태의 반투명한 물질을 말한다.

⑤ 모구(Hair Bulb)

모근의 아랫부분에 원형으로 부풀어져 있는 부분으로, 모구는 표피의 기저층에 해당되며 모발 성장에 관여한다. 모세혈관으로부터 모발을 성장시키는 영양분과 산소가 모유두를 둘러싸고 있는 모모세포로 운반되어 영양분을 받아 분열된 모모세포가 각화되면서 모발이 자라게 된다. 모구 주변에는 모세혈관, 모유두, 모모세포, 멜라닌 세포 등이 위치해 있다.

⑥ 모유두(Hair Papilla)

모유두 주변에 모세혈관 및 자율신경이 많이 분포되어 있어서 영양분을 모세혈관으로부터 받아서 모모세포에 전달한다. 모구 가장 아래쪽 중심에는 모유두가 있는데, 털이 되는 세포가 자란다. 모유두에는 모세혈관이 거미줄처럼 망을 형성하고 있으며 아미노산, 미네랄, 비타민 등의 영양소와 단백질 합성 효소 및 산소가 공급되고 있어 모유두의 활동이 왕성하면 모발이 건강하고 빠지는 머리가 적게 된다. 즉 모주기에 따라 위치가 변하며 모발의 성장을 조절하고 모질 및 굵기를 결정한다.

⑦ 모모세포(Hair Matrix)

모모세포는 모발의 기원이 되는 세포로 모유두 부근에 접해 있고, 모세혈관과 모유두로부터 영양을 공급받아 지속적으로 새로운 세포 분열과 증식을 되풀이하여 모간부 및 모낭을 생성하며 모발의 색소를 결정한다. 모유두의 중심부에서는 모수질이 된 세포가 분열하고, 그 아랫부분으로부터는 모피질이 될 세포가 분열하며, 가장 아래 외측으로부터 모표피가 될 세포가 분열하여 위로 올라간다.

⑧ 모세혈관

모세혈관벽은 한 층의 세포로 되어 있기 때문에 세포간에 물질 교환이 쉽게 일어나 정맥과 동맥외에 혈관의 말단인 모세혈관이 존재해 매우 신속하고 효율적인 세포 영양분을 공급해 주기도 하고 노폐물을 배출해 주기도 한다. 탈모 및 이상성 두피의 발생 원인에서 나타나는 혈관의 이상 현상으로는 혈관에 침전물이 쌓이므로 발생한다.

⑨ 자율신경계

자율신경계는 자신의 의지대로 제어할 수 없는 말초신경계를 의미하며, 모세혈관과 함께 모유두 주변에 존재하고 있는 신경으로 모유두로부터 받은 영양분이 모발로 잘 자랄 수 있게 명령하는 역할을 한다. 정신적인 스트레스나 육체적인 피로로 인하여 자율신경 실조증이 생길 수 있으므로 주의하여야 한다.

⑩ 모기질(Hair Matrix)

실질적으로 모발을 만드는 모기질세포와 색을 나타내는 멜라닌 색소로 구성된다. 가장 활발한 세포 분열을 보이는 곳으로 모발의 기본 색조는 모기질세포 내에 있는 멜라닌의 분포에 의해 결정된다. 따라서 모기질에서 멜라닌을 형성하지 못하면 흰머리가 만들어져 성장하는 것이다.

⑪ 내·외측 모근초(Inner, Outer Root Sheath)

모근을 감싸고 있는 모낭과 모표피층 사이에 있는 세포층을 다시 외측으로부터 내측 모근초는 헨레층(henle's layer), 헉슬리층(huxley's layer), 근초소피층(sheath cuticle)의 3층으로 구분된다. 내측 모근초표피는 위에서 아래 방향으로 쌓은 기왓장 모양으로 겹쳐서 줄을 선 단층의 편평한 세포로 모간을 지지하고 자라는 방향을 지시하는 역할을 한다. 모발이 피지선관에 이르

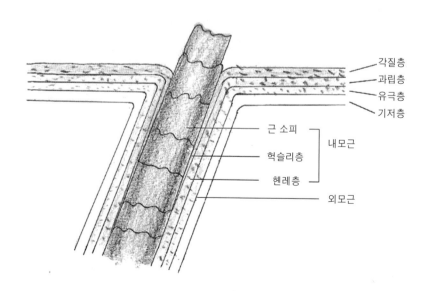

면 완전히 퇴화되어 탈락된다. 가장 바깥의 에피큐티클은 내모근초와 단단
히 결합하여 자라나는 모발을 모낭에 부착하는 역할을 하고, 외측 모근초는
모구부에서 모발의 각화가 마무리될 때까지 보호하고, 표피까지 운반하는
기능을 한다. 이 근초는 새롭게 만들어진 모발이 완전히 각화되어 밖으로 나
갈 때까지 보호하고 함께 운반하는 역할을 하며, 두피까지 도달하면 이들 세
포층도 비듬으로 두피에서 벗겨져 떨어진다.

근 소피층	비늘 모양의 세포층이다.
헉슬리층	몇 층의 납작한 세포로 구성되어 있다.
헨레층	한 층의 옅게 염색되는 세포의 층으로 표피의 투명층에 해당한다.

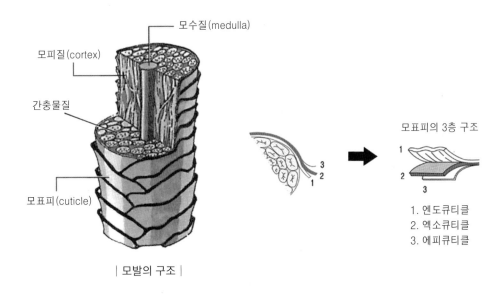

| 모발의 구조 |

2) 모간부의 구조

두피 바깥으로 나와 있는 눈에 보이는 부분으로 모발의 횡단 면을 보면 모표피,
모피질, 모수질로 나뉜다.

(1) 모표피(모소피, Hair Cuticle)

- 모발의 가장 바깥 부분으로 비닐 모양으로 5~15층으로 겹쳐 있다.
- 모발에서 차지하는 비율은 약 10~15%이다.
- 모발 내부인 모피질를 둘러싸고 있는 최외각층의 세포로 되어 있고 무색 투명하다.
- 케라틴이라는 경단백질로 구성되어 있으며, 물리적 마찰에 약하지만, 화학약품에 대한 저항력은 강하다.
- 외부의 물리적, 화학적 자극이나 충격으로부터 모피질를 보호한다.
- 안쪽의 모피질를 보호하고, 수분 증발을 억제하며 친유성의 특징을 가진다.
- 큐티클은 지문과 같이 그 모양이 사람마다 달라서 범죄 수사의 하나의 도구이다.
- 모표피는 3겹의 상표피와 간충물질로 이루어져 있다. 섬유 외측으로부터 cystine 함량이 많고 화학적 저항성이 높은 층인 에피큐티클(epicuticle)과 중간층인 엑소 큐티클(exocuticle)이 내측의 엔도큐티클(endocuticle)로 되어 있다.

epicuticle 에피큐티클 (최외표피)	가장 바깥층이며 얇은 막이 형성되어 있어 수중기는 통과하지만 물은 통과할 수 없는 아주 미세한 부분으로 다당류, 단백질 등이 견고하게 결합된 친유성 부분으로 산소나 화학약품에 대한 저항이 가장 강하지만 물리적인 도구의 작용을 받으면 쉽게 손상된다.
exocuticle 엑소큐티클 (외표피)	모표피의 약 15%에 해당하며 부드러운 케라틴질의 층으로 시스틴이 포함된 중간적인 성질을 가지고 있으며, 큐티클 구조의 2/3가량을 차지하며 cystine이 풍부하게 포함되어 있고, permanent wave제와 같은 cystine 결합을 절단시키는 약품인 펌제에 작용을 받기 쉬운 층이다.
endocuticle 엔도큐티클 (내표피)	모표피의 약 3%에 해당하며 가장 안 에 있는 친수성 부분으로 세포막 복합체(CMC: Cell Membrane Complex)가 양면테이프와 같이 인접한 표피를 밀착시키며, 시스틴 함유량이 적기 때문에 시스틴을 절단하는 단백질 침식성의 약품인 친수성, 알칼리성 용액에 대해서는 저항력이 매우 강하지만 기계적 작용에 대한 저항은 약한 층이다.

(2) 모피질(Hair Cortex)

- 모표피 안쪽의 층으로서 모발의 85~90%를 차지하며, 피질세포 사이에 간충물질이 존재한다.
- 화학적 시술 작용 부위이며 주성분은 피질세포와 간충물질로 이루어져 있다.
- 멜라닌 색소를 함유하며, 화학약품의 작용이 용이하다.
- 친수성으로 모발의 유연성, 탄력, 강도, 촉감, 질감 등과 모발의 성질을 결정한다.
- 모피질의 물리적 구조는 수백만 개의 단단한 케라틴 섬유가 서로 엉켜 모발의 굵기를 형성하고 있으며, 아미노산의 다중결합(polypeptide) 구조를 하고 있다.

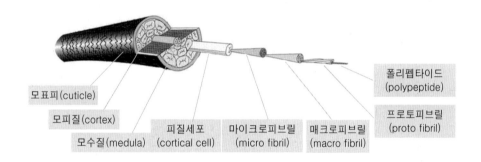

모표피(cuticle)
모피질(cortex)
모수질(medula)
피질세포(cortical cell)
마이크로피브릴(micro fibril)
매크로피브릴(macro fibril)
폴리펩타이드(polypeptide)
프로토피브릴(proto fibril)

① 결정 영역(피질세포)

모발은 결정 영역과 비결정 영역으로 구성되어 있다. 결정 영역의 미세 구조인 마이크로피브릴(microfibril)은 폴리펩티드(polypeptide) 사슬이 서로 나선 모양으로 꼬여 묶음 형태를 형성하고 있다. 모발은 18개의 아미노산(amino acid)으로 구성되어 있으며 장축 방향으로 아미노산은 펩티드 결합(NH-CO)인 주쇄결합(intrachin bonds)을 하고 측쇄결합(interchain vonds)은 (S-S)결합을 하고 있다. 모발의 미세 조직은 11개의 마이크로피브릴이 모여 매크로피브릴(macrofibril)을 만들 macrofibril은 결정 영역인 microfibril과 비결정

두피모발관리학

영역인 기질(matrix) 조직으로 구성되어 있다. 모피질을 구성하는 모피질세포는 다수의 매크로피브릴, intermacrofibril(IMF)로 구성되어 있다. 생물학적 polymer인 긴 polypeptide가 규칙적으로 배열되어 있는 섬유가 다발로 결합되어 있고, 수소결합이 강한 부분으로서 화학 반응을 일으키기 쉬운 영역인 피질세포는 길이 약 100μ, 두께 1~6μ, 직경 2~6μ로 대칭적인 피질로 되어 있다. 결정 영역은 매크로필라멘트(macrofilament)라고 불리는 방추형을 한 섬유상 다발로 이루어진 구조로서 모발의 탄력, 강도, 감촉, 질감, 색상을 좌우하며 모발의 성질을 나타내는 중요한 부분이 되고, 크게 결정 영역인 피질세포와 비결정 영역인 세포간 결합 물질로 나눌 수 있으며 각화된 피질세포와 피질세포 사이에는 세포간 결합 물질인 간충물질이 있어 세포간의 결합을 강하게 유지한다. 하지만 화학적인 시술 시 간충물질이 물에 녹아 밖으로 유출되어 피질세포끼리의 결합을 약하게 만들고 그로 인해 모발이 손상된다. 소량의 melanin을 함유하고 중앙에 macrofibril이라 불리는 방추형을 한 섬유상 구조와 핵의 잔사, 색소과립으로 구성되어 있다. 핵의 잔사는 세포의 중심 부근에 있는 가늘고 긴 공동을 말하며, 색소과립은 직경 약 0.2~0.8μ 내의 둥글거나 구상의 입자로 피질세포 사이에 분산되어 있다. 물과 쉽게 친화하는 친수성 부분으로 화학약품의 작용을 쉽게 받기 때문에 퍼머넌트 웨이브, 염색 등과 관련이 있는 부분이다.

• 폴리펩티드(Polypeptide)

폴리펩티드는 10개 이상의 아미노산이 펩티드 결합을 형성하여 아미노산과 단백질의 중간 구조를 가지게 된다. 모든 아미노산은 아미노산 카복실기 내에 있는 산소 원자, 수소 원자 하나와 아미노기에 수소 분자가 반응해서 물(H_2O)로 탈수되고 -CO, -NH가 결합하여 펩티드가 되며 펩티드가 길게 연결된 주쇄결합을 폴리펩티드라고 하며, 펩티드결합한 아미노산의 수가 2~10개인 것을 올리고펩타이드, 10~50개인 것을 폴리펩타이드, 50개 이상인 분자량이 큰 것을 단백질이라고 한다.

- *α*-헬릭스 (*α*-Helix) 구조

  α-헬릭스는 황의 함량이 적은 단백질로서 프로토피브릴을 구성하는 아미노산으로 구성된 사슬 구조이며, 직경의 측쇄를 포함하여 약 10Å 이고, 프로토피브릴의 9+2의 배열 중에서 1개의 배열에는 3중 coil의 polypeptide로서 보조 섬유를 이루는 *α*-Helix(*α*-나선) 구조는 아미노산의 화학적 구조는 탄소 45%, 산소 28%, 질소 15%, 수소 7%, 황 5%로 구성되어 있어 황의 함량이 적은 단백질이다.

- 프로토필라멘트(Protofilament)

  프로토피브릴은 나선형으로 말린 세 개의 단백질 사슬로 구성되어 있으며, macrofibril의 내부 구조에 대해서는 몇 개의 설이 제창되고 있고, 정확한 조직은 확실히 밝혀지지 않았지만 2개의 마이크로필라멘트를 핵으로 그 주변을 9+2의 모형으로 프로토필라멘트가 둘러싸고 있다. 이것을 일반적으로 원섬유(源纖維)로서 프로토피브릴(protofibril)이라 부른다.

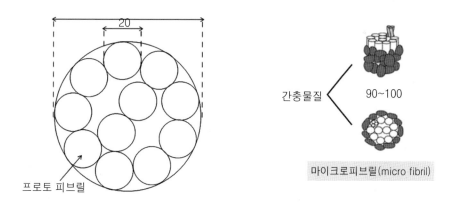

| 프로토피브릴의 9+2 구조 |

- 마이크로필라멘트(Microfilament)

  미세섬유(微細纖維)인 microfibril이 다수 모여 macrofibril을 구성하며 microfibril의 배열은 부분적으로 다르다. 총 11개의 프로토피브릴이 모여 만들어 지는데, 즉 macrofibril은 microfibril이라는 보조 섬유 구조(sub-filament)로 되어 나선상(helix)으로 늘어져 있다.

알파헤릭스상 프로토피브릴 (폴리펩티드 3가닥)
약 20
프로토피브릴(proto fibril)

폴리펩티드 사슬

간충물질(matrix)
마이크로피브릴 (micro fibril)
0.2 ~0.6 μ
매크로피브릴(macro fibril)

• 매크로필라멘트(Macrofilament, MF)

피질세포의 대부분을 차지하는 거대섬유인 매크로피브릴은 세포가 장축 방향으로 배열되어 있고 0.1~0.8u으로 마이크로피브릴이 다수 모여 형성 되며 방추형 섬유상 구조로 핵의 잔사와 색소과립의 섬유가 존재하고 둘 사이에는 간충물질이 채워져 있다. macrofibril이 다수 모여 피질세포의 대 부분을 점하고 있으며 각 fibril은 고도의 조직화되어 있는 섬유상 성분으로 microfilament와 이들을 둘러싸고 있는 그다지 조직화되어 있지 않은 간충 물질(matrix, 기질)로 되어 있다.

② 비결정 영역(세포간 결합물질, 간충물질)

모피질세포 사이에는 세포간충물질인 세포막 복합체(cell membrane complex, CMC)가 있으며 이것은 세포막을 접착시켜 주는 접착제 역할을 수 행한다. 세포막 복합체는 모표피의 접착 매개물로의 역할과 모피질층 내로 수분과 단백질의 용출을 억제하며 반대로 이 조직은 취약한 조직으로 외부로 부터 각종 물질이 침투하는 경로의 역할을 한다. 간충물질의 keratin은 짧은 polypeptide 주쇄로서 분자가 불규칙하게 구부러져 엉켜 있어 실밥을 손으로 뭉친 듯한 상태, 즉 tandom coil상의 불규칙한 배열로 되어 있으며, cystine

함유량과 측쇄가 긴 염결합이 많으므로 부드럽고 화학작용을 받기 쉬운 구조로 되어 있다. 비결정 영역의 간충 물질은 손상을 받기 쉽기 때문에 모질 손상의 최대 원인이 되는 부분이다. 모발에 한정하지 않고 다른 섬유에 있어서도 단단한 섬유 부분을 결정 영역이라 부르며 섬유의 강도를 나타내고, 간충 물질과 같이 유연한 부분을 비결정 영역이라 부르고 섬유의 탄성과 부드러운 성질을 나타낸다.

• 염결합(이온결합)

두 개의 산성과 염기성 아미노산 측쇄를 가진 폴리펩타이드 주쇄가 접근하면 상호 아미노기의 +와 카르복실기의 -가 이온적으로 결합한다. 이것이 염결합으로 pH 4.5~5.5(등전점)일 때 결합력이 최대가 되고 keratin은 가장 안정된 좋은 상태가 된다고 볼 수 있으나 산과 알칼리의 상태에 따라 pH가 등전점보다 산성 측 또는 알칼리성 측으로 기울어지는 만큼 결합이 약하게 된다. 이 같은 원리로 permanent wave 1액에 적셔진 모발을 당기면 작은 힘으로 최후의 측쇄인 cystine 결합이 절단되고, 다시 2액으로 산화시키면 약산성 액인 등전대로 되돌려진다. J.B.Speakman의 역학적 측정에 의하면 이 결합은 keratin 섬유 강도에 약 35% 정도 기여하며 산 또는 알칼리에 의해 쉽게 파괴된다고 한다.

• 시스틴결합(Disulfide Bond)

이 결합은 유황을 함유한 모발의 특징을 나타내는 permanent wave를 형성시킬 수 있는 특유의 단백질로서 다른 섬유에서는 볼 수 없는 측쇄결합으로 이루어져 있다. 모발 keratin의 특징을 나타내는 결합으로서 keratin 내의 cystine에 의해 존재하며 이 결합이 파괴되면 섬유가 약해져 탄력성이 없어진다. 일반적으로 permanent wave를 형성시키는 기본적인 개념은 모발 keratin 중의 cystine bond를 환원제로 절단시킨 다음 기구를 이용하여 원하는 wave의 크기를 형성시킨 후, 그 형태를 유지시키기 위해 산화제로 절단된 결합을 본래대로 고정시키는 것이다. 따라서 시스틴결합은 퍼머넌트 웨이브 형성에 있어서 반드시 필요한 결합이다. 다시 말해 퍼머넌트 웨이브를 만들어 주는 keratin이다. 이 -S-S-결합을 cystine결합 혹은 단순히 S-S결합이라 부르고 있으며, 인접한 cystine 잔기끼리는 산화되어 수소가 얻어지면 주쇄 간은 -S-S-의 결합으로서 횡으로 결합한다.

• 수소결합(Hydrogen Bond C=O . NH)

수소결합은 일반적으로 해당 단백질 구조 내에서 만들어지며 분자 간의 힘은 화학결합보다 훨씬 약하다. Amide기($RCONH_2$)와 그것에 인접한 carboxyl기(-COOH 원자단) 사이의 결합이다. 물에 젖은 케라틴 섬유가 건조 상태에 비해서 쉽게 늘어나는 것을 이 결합이 관여하고 있기 때문이라고 할 수 있다. 건조한 모발은 젖은 모발에 비해 펴기가 더 어렵다. 모발에 물을 가하여 set를 하고 열을 주어 건조시키거나 그대로 건조시키면 원래대로 돌아가지 않는 set 유지력이 생긴다. 이는 수소결합에 의해 일시적인 결합과 절단이 이루어지기 때문이라고 볼 수 있다.

결합 종류	개쇄	폐쇄	미용과의 관계
수소결합	수분을 충분히 주어 tension을 준다.	건조시킨 후 tension력을 제거한다.	water winding, air forming, setting, curlyiron, blow dry
염결합	pH 4 이하, pH 6 이상 알칼리에 적신다.	pH4~6의 등전대에 가깝게 산성 린스를 한다.	hair setting, permanent wave, hair coloring
시스틴결합	치오클리콜산, 암모늄, cysteine으로 환원시킨다.	과산화수소수, 취소산칼륨, 취소산나트륨 등으로 산화시킨다.	permanent wave, 축모 교정

54

- 소수결합(Vander Waals Forces)

내부 원자 거리에 따라 변하며 중성 원자(분자) 간의 약한 인력이다. 이 2개의 영역(결정 영역, 비결정 영역) 상태에 따라서 모질의 화학적, 물리적, 역학적인 성질이 크게 변화된다. 소수성 결합은 비극성의 탄화수소 사슬들이나 benzen고리를 갖는 R기 사이에 형성된다. 이것을 비극성 상호작용이라 하는데, 극성을 띠는 물속에 비극성의 기름방울을 넣으면 같은 기름방울끼리 모이는 현상과 비슷하다. 농도가 낮으면 단독 존재하고 농도가 높으면 뭉쳐서 미셀을 형성한다. 즉 비극성의 R기가 주위에 둘러싸인 물로부터 떨어져 서로 모이는 작용을 일반적으로 소수성 결합이라고 한다. 단백질의 3차 구조는 비극성의 곁사슬이 중심부에 파묻히는 것처럼 되고, 바깥쪽에는 극성의 R기가 둘러싸인 모양으로 결합을 이루고 있다. 소수성 결합은 입체 구조를 유지시키는데 매우 중요한 역할을 하고 있으며 단백질이 물에 녹는 것은 단백질 분자 표면에 물이 접근하기 쉽게 극성기가 노출되어 있기 때문이다.

(3) 모수질(Medulla)

모발의 중심부에 있는 모수질은 벌집 모양의 다각형 세포로 존재해 미세한 공기를 포함하고 0.09mm 이상의 모발에 존재하며, 0.07mm의 가는 모발은 모수질이 존재하지 않는다. 시스틴 함량이 모피질에 비해 적다. 모수질의 동공은 크고 작은 공포에 공기를 함유하여 보온의 역할을 하므로 한랭지에 서식하고 있는 동물들의 털은 모수질이 약 50% 이상을 차지하여 보온 역할을 하여 생존을 위한 중요한 부분 중의 한 부분으로 작용하기도 한다. 모수질은 기계적, 화학적으로 거의 손상되지 않으나 모발에 따라서는 연필심과 같이 완전히 연결된 경모나 군데군데 잘려져 있는 것 또는 전혀 없는 연모로 나눌 수 있지만 나이가 들수록 모수질의 크기는 커져 가는 현상을 나타낸다. 이는 모발의 흰머리와 관계가 있다고 본다. 일반적으로 모수질이 많은 성인의 모발은 웨이브 형성이 잘되지만 모수질이 적은 어린이의 모발은 웨이브 형성이 어렵다. 이는 어린이의 모발은 모수질이 거의 존재하지 않은 연모이기 때문이다.

3) 모발의 주기(Hair Cycle)

모발의 숫자는 인종과 민족에 따라 다소 차이는 있지만 약 10만 가닥 정도이며 모주기를 5년으로 계산해 보면 하루에 약 55개의 머리카락이 생겨나고 자연 탈모가 되어 이탈하게 된다. 성장의 길이도 5년간 약 72cm 정도의 모발로 자라나게 되고, 이러한 성장 단계를 모주기라고 한다. 모발의 주기는 크게 모발이 생성되는 성장기와 성장을 멈추는 퇴화기, 그리고 모발의 생성을 위해 휴식하는 휴지기 3단계로 나뉘게 된다. 모발의 성장에는 유전정보를 담고 있는 왕성한 모유두의 역할이 매우 중요하며 모발이 생성되어 어느 시기가 되면 성장을 멈추고 빠지고 다시 새로운 모발이 생성되는 기간을 말한다.

- 모발은 각기 다른 성장주기를 갖고 있는데, 이 주기를 모주기라 하며 다음과 같은 종류가 있다.

모자이크 타입(mosaic type)	신크로나이즈 타입(synchronistic type)
모낭들은 각각 다른 독립적인 모주기를 가지고 있어 빠지는 모발과 새로 자라나는 모발이 존재함으로써 전체적인 모발의 수에는 큰 변화가 없는 경우로 사람의 모발주기에서 볼 수 있다. (원숭이, 돼지)	모발주기가 일치해서 털이 동시에 빠지는 형태로 주로 동물의 털갈이에서 볼 수 있다. 앙고라토끼, 메리노 양과 푸들 개와 같은 동물은 모주기가 없으므로 털을 잘라내지 않는 한 계속 길어지는 동물도 있다.

- 모발을 성장시키는 성장기, 성장을 종료하고 모구부가 축소하는 시기인 퇴화기, 모유두가 활동을 멈추고 모발을 두피에 머무르게 하는 시기인 휴지기의 과정이 반복되는 형태이다. 그리고 휴지기가 되면 새로운 모발이 생성되는 성장기가 다시 시작된다. 이러한 주기적인 변화 과정은 평균적으로 3~6년 정도의 기간마다 일어나며 보통 평생 사이클의 변화는 25번 정도 거친다.

- 성인의 털은 온몸에 약 500만 개가 있으며 그중 머리털의 수는 평균 약 10만 개이고, 금발은 14만 9,000개, 갈색 머리털은 10만 9,000개, 검은색 머리털은 10만 2,000개, 붉은 머리털은 8만 8,000개 정도로 알려져 있다.

- 대부분의 모발은 한 모공에서 2~3개씩 자라는데 눈썹, 속눈썹, 수염, 음모는 단일모로 전체 모발의 5%를 차지한다.

- 모발이 하루에 자라는 길이는 약 0.35~0.4mm가 자라는데, 한 달이면 약 1~1.2cm 정도이고 일 년 동안 12cm 정도를 약간 넘게 자란다.

- 팔다리의 털은 하루에 0.21mm, 머리카락의 경우는 0.35mm, 수염은 0.38mm, 겨드랑이털은 0.3mm, 음모는 0.2mm, 그리고 눈썹은 0.18mm씩 자란다.

- 한국인은 평균 70~80cm, 중국인 100cm, 흑인은 30cm까지 자란다.

모발 일생표			
모발의 평균 수명	3 ~ 6년	몸, 팔, 다리 모발 수명	2 ~ 4개월
여자의 모발 수명	4 ~ 6년	솜털의 모발 수명	3 ~ 4개월
남자의 모발 수명	3 ~ 5년	연모의 수명	2 ~ 4개월
수염의 모발 수명	1 ~ 2년	음모의 수명	0.5 ~ 1년
눈썹의 모발 수명	1 ~ 2년	모발 수	10만 ~ 15만
속눈썹의 모발 수명	3 ~ 4개월		

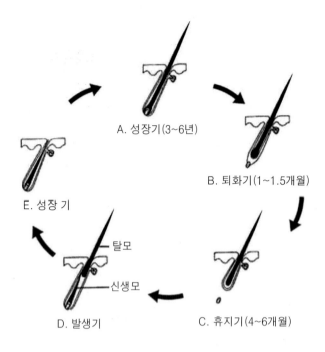

A. 성장기(3~6년)

B. 퇴화기(1~1.5개월)

E. 성장 기

탈모

신생모

D. 발생기

C. 휴지기(4~6개월)

| 모발의 주기 |

(1) 성장기(Anagen Stage)

① 모모세포가 분열하여 새로운 모구를 만들고 모포 속에서 체모가 성장하여 피부 표면으로 나와 정상적인 성장이 이루어지는 단계이다.

② 모발이 모구로부터 모낭으로 나가려고 하는 모발 생성 단계(new anagen stage)와 딱딱한 케라틴이 모낭 안에서 만들어져 퇴화기까지 자가 성장을 계속하는 모발 성장 단계(anagen stage)이다.

③ 전체 모발의 80~90%를 차지하고, 성장기는 남성이 3~5년, 여성은 4~6년 정도이다.

④ 모발은 음식물이나 비타민, 호르몬, 계절, 성별, 인종 및 개인에 따라 달라질 수 있지만 하루 0.35~0.4mm 정도 자라고, 한 달에 10.5~12mm 정도 자란다.

(2) 퇴화기(Catagen Stage)

① 모구부의 수축 현상으로 모모세포가 분열을 멈추어 탈모 준비를 시작하는 단계이다.

② 전체 모발의 1~5%를 차지하고, 대체로 1~1.5개월(3~5주)이 소요된다.

③ 모낭이 쭈글쭈글해지고, 모유두와 모구가 분리된다.

④ 이 단계에서는 케라틴을 만들어 내지는 않는다.

⑤ 모유두가 퇴행기 동안에 팽륜부 근처로 올라가지 않으면 새로운 모발은 형성되지 않는다.

(3) 휴지기(Talogen Stage)

① 모낭과 모유두가 완전히 분리되어 성장을 멈추고 고착력이 약해지는 단계이다.

② 전체 모발의 10~15%를 차지하며, 약 4~6개월 정도가 소요된다.

③ 멜라닌 색소가 결핍되고, 모낭이 많이 위축된다.

④ 빗질이나 가벼운 물리적 자극에도 모발이 탈락되며, 모근이 위쪽으로 밀려 올라간다.

⑤ 샴푸 또는 브러싱 등과 같은 물리적 자극에 의해서도 탈모된다.

(4) 발생기(Return to Anagen)

① 모구부가 모유두와 결합하여 새로운 모발을 형성하게 된다.

② 배아세포의 세포 분열에 의하여 모구가 팽창되어 새로운 신생모가 성장하는 기간이다.

③ 한 모낭 안에 서로 다른 주기의 모발이 공존해 휴지기의 모발을 탈락되게 유도한다.

④ 질병, 유전, 체질, 연령 등에 따라 차이를 보인다.

4) 모발의 분류

모발은 모발 단면의 형태와 굵기에 따라 분류할 수 있다. 굵기에 따라 경모와 연모로 나뉘며, 모발은 태아에서의 취모, 출생 시의 연모는 출생 후 성장하면서 경모로 바뀌게 된다. 사람의 일생에서 사춘기가 되면 모든 모낭에서는 경모가 성장하여 가장 모량이 많은 시기가 되나 나이가 들어감에 따라 모주기를 되풀이하여 연모로 되돌아가는 현상이 나타난다. 이러한 현상은 탈모의 진행 정도를 체크하는 데 있어 중요한 자료로 활용되고 있다. 형태에 따른 분류는 직모, 파상모, 축모로 나뉜다.

(1) 굵기에 의한 분류

① 취모

배냇머리를 말하며, 태아가 엄마 뱃속에서 약 20주가 되면 가늘고 연한 색의 털이 태아에게 존재하는데, 이는 섬세하고 부드러운 털로서 모발의 색이 연한 것이 특징이다. 굵기는 0.02mm로 배냇머리라고도 하며 아직 큐티클이 관찰되지 않는 특징을 지니며 임신 8개월 차에 점차 연모화 된다.

② 연모(솜털)

피부의 대부분을 덮고 있는 솜털을 말하며 0.08mm 이하로 가늘고 짧으며 색소가 거의 없어 잘 보이지 않고, 모표피가 40%, 모피질이 60%의 비율로 존재하고 모수질이 없다. 취모가 모낭에서 탈락되면서 연모가 자라고 이 연모는 사춘기를 전후로 인체 부위에 따라 풍부한 색소를 갖게 되면서 대부분 굵고 튼튼한 경모로 바뀌고, 탈모 진행형 모발에서도 볼 수 있다. 남성형 탈모증이 진행될 때 앞쪽 머리에서도 볼 수 있으며 겨드랑이, 성인 남성의 턱에 자라는 연모는 사춘기 때 성모로 바뀐다.

③ 중간모

연모와 경모의 중간쯤 되는 털이다.

④ 경모(성모)

보통 굵고 긴 털을 의미하며 0.15~0.20mm 정도로 굵고 긴 모발이며, 모낭이 생산하는 마지막 털이라 하여 종모라고도 한다. 성인에게서 볼 수 있는 머리카락, 눈썹, 속눈썹, 각 부위의 수염, 겨드랑이털, 생식기 주변에 나는 털은 모두 종모이다. 연모가 종모로 자라는 정도는 유전적인 요인과 내분비기관의 영향에 따라 다르며, 이 영향의 정도에 따라 서양인 남자에게 많은 가슴의 종모가 동양인에게도 생기게 되는 것이다. 경모는 모표피가 10%이고 모피질이 90%를 차지하고 멜라닌 색소를 가지고 있다.

⑤ 세모

연모에서 경모화된 모발 이후의 모발을 말한다.

장모	1cm 이상 자라는 털로 모발, 수염, 음모, 액와모 등
단모	1cm 이하로 자라는 털로 눈썹, 속눈썹, 콧털, 귀털 등
솜털	신체의 털
털이 없는 곳	손바닥, 발바닥, 입술 등

(2) 형태에 따른 분류

모발의 단면 형상을 크게 분리해 보면 원형, 타원형, 다양한 형태의 편형의 3종류로 분류된다. 직모가 많은 동양인의 모발은 보통 직모가 많지만 원형과 타원형의 혼합이면 약간 곱슬이며, 타원형과 편형의 혼합이면 심한 곱슬머리가 된다. 또한, 태어날 때 직모를 가지고 있다고 해도 나이에 따라 곱슬의 형태가 심해지는 모발이 있는가 하면 그렇지 않은 모발도 있다. 이러한 현상들은 호르몬의 밸런스 변화, 음식이나 환경의 영향을 받기도 하고 자율신경의 밸런스가 깨지는 것도 원인이다.

① 직모

동일한 세포 분열이 이루어져 모경지수가 0.75~0.85 정도로 모발의 단면이 원형(round)에 가깝다. 주로 동양인(황인종)에게서 많이 나타난다.

② 파상모(반곱슬모)

직모와 축모의 중간 형태로 모경지수가 0.6~0.75이며, 모발의 단면은 타원형(oval)이며 유전적인 경향이 크다. 굵은 웨이브가 있으며 주로 백인(백인종)에게서 많이 볼 수 있다.

③ 축모(곱슬모)

흔히 곱슬머리라고 하며 모경지수가 0.5~0.6 정도로 편평하며 다양한 형태의 부정형 납작한(flat) 형태이다. 심한 곱슬머리 모양으로 흑인(흑인종)에게 많으며 선천적, 유전적인 경향이 강하다.

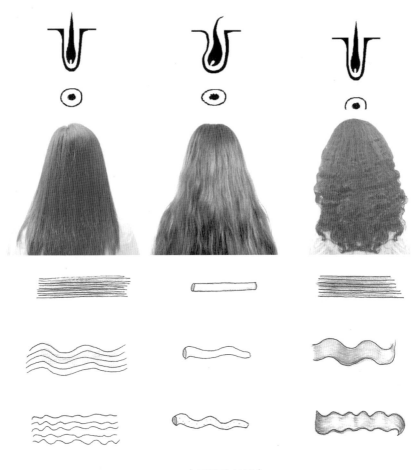

| 모발의 분류 |

6. 모발의 색

  모발 색상은 개개인의 유전적 요인과 환경 및 인종, 모발 성장 pattern에 따라 다양하다. 아시아, 에스키모, 아메리카, 인디언들의 모발은 강한 직모(straight hair)이며, 아프리카인들은 축모(kinky hair)로서 대부분 흑 멜라닌을 가진 반면 백인들은 다양한 모질과 색상으로서 흑 멜라닌(eumelanin) 또는 혼합 멜라닌(pheomelanin)을 가졌다. 멜라닌은 자연색소(natural pigment)로써 모발에서의 모든 기여색소(contribution Pigment)인 깊이, 색조, 강도를 가지며, 깊이는 색의 밝기(lightness of color) 및 어두움(darkness of color)의 정도를 나타내는 척도인 명도(明度)가 있다. 이 색들은 피부색과 같이 melanin 색소 합성의 정도에 따라 결정된다. 멜라닌 색소는 모발을 착색시킬 뿐만 아니라 두피를 과도한 자외선으로부터 보호하는 중요한 역할을 하고 있다.

1) 모발 색 생성 과정

멜라닌 세포는 단파장의 자외선을 흡수하여 기저층과 진피 내로 침입하는 것을 막아준다. 멜라닌 세포가 자외선을 감지하면 멜라닌의 양이 팽창 및 확대되면서 멜라닌을 생성하도록 멜라닌 생성세포 자극호르몬이 활동을 한다. 모발 중 우리가 눈으로 볼 수 있는 제3의 영역인 모간(hair shaft)은 모표피(cuticle), 모피질(cortex), 모수질(medulla)로 구성되어 있다. 모수질을 감싸고 있는 모피질은 모발에서 가장 두터운 부분(80~90%)으로써 melanin이라는 자연색소 물질인 과립(granules)을 포함하고 있다. melanin은 멜라노사이트(melanocyte) 내의 소기관인 멜라노좀(melanosome)에서 합성되며, 최초에 멜라노좀의 골격이 형성, 그 골격에 tyrosinase가 먼저 배열되고 이어 melanin의 생합성이 행해진다. melanin의 합성 경로를 살펴보면 타이로신(tyrosine)을 산화하여 도파(DOPA, 3,4-dihydroxyphenylalanine)로, 다시 산화하여 도파퀴논(DOPA-quinone, pheomelanin)이 생성되는 단계에서 타이로시나제(tyrosinase)라는 산화 효소가 관여한다. 그 후의 반응은 자동 산화적으로 진행되지만, 효소의 역할로써 보다 가속화되는 것으로 알려져 있다. 유멜라닌과 페오멜라닌은 티로신에서 도파퀴논까지의 반응 경로는 같지만 도파 퀴논은 두 가지 경로로 반응이 진행된다. 도파퀴논(dopa quinone), 5,6-dihydroxyl indole이라는 경로를 거쳐 흑갈색의 유멜라닌을 생성하는 경로와 도파퀴논이 케라틴에 존재하는 시스테인과 결합하여 cysteinly dopa를 형성해 적갈색의 페오멜라닌을 형성하는 두 가지 경로가 있다. 멜라닌 양이 많은 모발 순서로는 흑색, 갈색, 적색, 금발색, 백발 순서이며, 과립의 크기도 큰 쪽이 흑색이며, 적으면 적색과 갈색이 되는 것이다. 모발의 색은 여러 가지 질환으로 변화될 수 있다. 백피증(leukoderma), 백색증(albinism)에서는 모발 색이 부분적으로 혹은 전체적으로 흰색으로 변하며, 페닐케톤요증(phenylketonuria)에서는 티로신이 부족하여 모발이 노란색으로 변하며, 호모 시스틴뇨증(homocystinuria)은 모발이 탈색된다. 쿼시오커(kwashiorkor)에 걸린 유아는 모발이 붉고 노란색을 띠거나 크로로퀴닌(chloroquinin) 치료 중에 붉은 모발이나 노란 모발이 될 수 있다. 그 외 백반증, 백색증 등의 질병과 함께 백모가 나타 날 수 있다.

2) 멜라닌 색소

흑갈색 알갱이의 색소로써 피부, 털, 눈 등에 존재한다. 멜라닌을 만드는 세포를 멜라닌 세포라 하며, 멜라닌은 멜라닌세포 속의 멜라노좀이라는 작은 자루 모양의 세포소기관에서 만들어진다. 멜라닌의 양에 따라 피부색이 결정되는데, 멜라닌의 양이 많을수록 검은 피부색을 띤다. 인종마다 피부색이 다른 것은 멜라닌 세포의 수가 다르기 때문이 아니라, 멜라닌 세포의 크기와 만들어지는 멜라닌의 양이 다르기 때문이다. 멜라닌 색소는 모발의 색을 형성시켜 주며 두피를 과도한 자외선으로부터 보호하는 중요한 역할을 한다. 모발의 색상은 개개인의 유전적 요인과 환경 및 인종에 따라 흑색, 갈색, 적색, 금색, 백색 등으로 다양하고, 개인의 피부색과 같이 멜라닌 형성세포의 색소 합성의 정도에 따라 색소 성질의 차이가 나타난다. 붉은 모발 색상은 붉은 색소와 검정 색소에 의해 나타나며, 금발은 붉은 색소와 노랑 색소의 혼합에 의해서 나타나고, 갈색 모발은 붉은색, 갈색, 검정 색소의 혼합의 차이에 의해 짙은 갈색과 옅은 갈색으로 나타난다. 검은 모발과 흑갈색 모발의 색소는 티로신멜라닌(tyrosine melanin) 색소이며 노란 모발과 붉은색 모발의 색소는 페오멜라닌(phenomelanin) 색소가 있어서 염색 후 착색력, 색상 보유 기간, 광택, 손상도, 시술 방법 등의 요건을 고려하여 시술해야 한다.

- 유멜라닌(흑갈색: Eumelanin)
- 동양인에게 많고 입자형 색소로 서양인에 비하여 분자가 크다.
- 모피질은 얇고 모표피는 두꺼운 모발 형태를 가진 갈색과 검정 모발의 색이다.
- 큰 타원형의 구조로 쉽게 탈색된다.
- 강한 자외선에 약하여 파괴된다.

- 페오멜라닌(황적색: Pheomelanin)
- 서양인에게 많고 입자가 작은 분사형 색소이다.
- 모피질은 두껍고 모표피는 얇은 모발 형태를 가진 붉은 색소와 노란 모발의 색이다.
- 작고 단단한 동그란 형태로 화학적으로 안정하여 쉽게 탈색되지 않는다.
- 강한 자외선에 비교적 안정적이어서 황적색으로 남아 있게 된다.

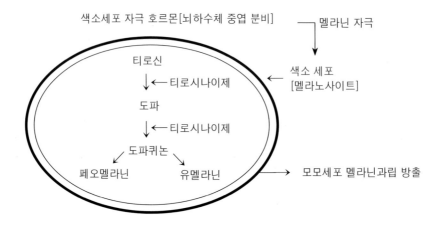

3) 모발 색의 유실

- 백모: 백모는 정상적인 노화 과정에서 나타나는 필연적인 결과로 모구의 멜라닌 세 포수 및 기능이 감소함에 따라 생기나며, 색소 형성세포의 기능 저

하는 그 원인이 후천적 영향으로서 각 개체의 해당 유전 인자에 의하여 조절된다. 백모는 도파퀴논에서 작용을 멈춰서 모발이 자라면서 백모를 나타낸다. 백모는 특히 흑갈색계의 모발을 갖는 인종에게 더욱 뚜렷이 나타나며, 전반적인 백모증(canities)은 melanin 세포의 수가 감소되고 tyrosinase 활성이 저하되어 점차적으로 melanin 색소 형성이 적어져서 나타난다. 발병 연령은 유전적 요인에 관여되며 어느 연령에서나 나타날 수 있다. 백모는 30대 후반부터 측두부에서 먼저 발생하여 두정부, 후두부로 진행되는 양상을 보이며, 보통 남성이 더 일찍 시작되며 유전적인 영향을 받는다. 백모는 흑모보다 더 거칠고 스타일링이 더 어렵고 더 잘 자라는 것으로 알려져 있다. 이러한 백모도 다른 모발 색상과 마찬가지로 그 색이 다양하며, 과립이 많으면 빛을 흡수하기 때문에 검게 되고, 과립이 거의 없으면 빛이 반사되어 희게 되고 완전한 백발도 사람에 따라 음영이 다르다.

백모	멜라닌 색소 감소에 의해 모발이 희게 변하는 현상
점진적 백모증	멜라닌 세포의 활동이 줄어들어 백모가 되어가는 현상
조기 백모증	유전으로 인하여 흰 머리카락이 20세 이전에 생김
돌발성 백모증	신경조직에 충격이 가해졌거나 공포감이라든지 정신적인 현상으로 인하여 흰 머리카락이 생김
일시적 백모증	장기적인 치료 약품에 의해 흰머리가 생겼다가 약 복용을 하지 않으면 원래의 모발 색을 갖음

• 알비노(Albinos): 색소 결핍증인 사람에게는 색소를 형성시키는 효소의 생성 능력이 없기 때문에 어떤 색소도 만들어 내지 못한다. 여러 가지 다른 색소를 생성시킬 수 있는 능력은 유전적으로 결정이 되며 주로 남성에게 확실한 알비노 현상이 나타난다. 여성에게는 모발 색의 강도와 색상은 각기 모발에서 발견되는 색소의 양에 따라 다르다.

- 알비니즘(Albinism, 백색증): 심각한 결과를 초래하는 유전 결합의 대표적인 예이다. 이 병은 tyrosinase 효소가 결핍되어 있으며 모발, 피부, 눈의 검은 색소인 멜라닌이 형성되지 않아 선천적 색소 결손이 생긴다. 알비뇨 환자들은 신체의 전신 또는 부분적으로 일어나며 태양빛에 민감한 반응을 보일 뿐만 아니라 피부암이나 화상뿐만 아니라 시력도 나빠진다.
- 카니시(Canities, 백모증): 멜라닌 세포의 수가 감소되고 티로시나아제의 활성이 저하되어 점차적으로 멜라닌 색소 형성이 낮아져 두발의 색상이 전체 혹은 부분적으로 회색이나 백색의 군집을 이루면서 희다.

모발의 손상과 성질

1. 모발의 손상

1) 모발 손상의 원인(Cause of Damage)

모발의 변형이 부정적인 상태로 나타난 것을 '손상 모'라고 일컫는다. 가장 흔히 나타나는 모발 손상 원인은 염·탈색, 퍼머넌트 웨이브와 같은 화학처리가 주가 되었다. 모발 손상의 원인은 다양하므로 모발이 손상되는 원인에 대해서 더욱 폭넓은 관점에서 볼 필요가 있다. 모발은 같은 사람이라도 자라는 부위에 따라 또는 한 가닥의 모발이라도 그 부분(모근부, 모간부, 모선부)에 따라 굵기가 다르므로 모질도 다르다. 모발이 모유두에서 탄생하는 과정에서 그 사람의 영양 상태, 건강 등에 좌

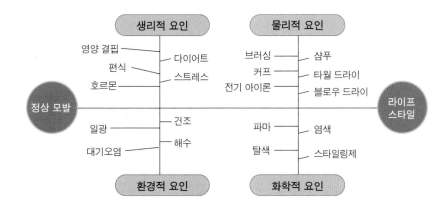

| 모발 손상의 원인 |

우되어 굵기와 모질이 변화하는 이유 가운데 하나이기도 하며 선상 고분자인 모간부가 길게 늘어져 있어서 여러 가지 외부 자극을 받기 쉬우므로 모발의 질은 변화하기 때문이다. 모발 손상을 일으키는 요인에는 크게 생리적인 것, 화학적인 것, 환경적인 것, 물리적인 것으로 나눌 수 있다.

(1) 마찰에 의한 손상

모표피는 비늘상의 단단한 케라틴(keratin) 단백질이 5~15겹으로 모간 쪽으로 중첩되어 있으며, 외부로부터의 자극에 충분히 견디어 낼 수 있다. 그러나 일상적으로 빈번하게 행해지는 샴푸, 타월 드라이, 브러싱 등에 의해 혹은 모발끼리의 마찰에 의해 상당한 자극을 받게 된다. 샴푸를 할 때 거품이 적은 상태에서 모발과 모발을 문지르는 경우 모발은 서로 마찰하게 된다. 무리한 브러싱도 모발에 큰 마찰을 발생시키고, 머리를 감고 나서 타월로 모발을 과도하게 비비는 것도 손상(damage)을 준다. 무리하게 빗질하는 것을 피하고 브러싱을 하기 전에 모표피에 얇은 피막을 만들어 주면 브러시에 의한 마찰을 줄일 수 있다. 과다한 브러싱으로 인해 관찰되는 모발 손상 형태는 모표피층을 이루는 비늘의 일부가 들뜨거나 구겨지고, 소실되는 것으로써 그 정도가 심할수록 거친 감촉을 가질 뿐만 아니라 다른 외부 자극에 대해 민감하게 반응하게 되어 손상도가 더욱 커지는 것이다.

(2) 열에 의한 손상

피부보다는 강한 저항력이 있지만 모발 단백질은 열에 약한 특성을 가지고 있다. 그 한계점은 150℃ 정도이다. 모발은 보통 10~15%의 수분을 함유하고 있지만 지나친 열을 가하면, 이들의 수분이 증발 건조화되어 손상도가 크게 된다. 모발은 70℃부터 미미한 변화를 일으키고, 120℃ 전후에서는 모발이 팽창되어 130~150℃ 이상의 열을 가하면 검은 모발의 경우 다갈색으로 변색되기도 하며 모피질 및 모수질 중에 기포가 생기기 시작하여 모발이 탄력을 잃게 된다. 250℃ 정도의 열은 머리카락에 닿으면 머리카락이 녹고, 그 이상의 온도가 되면 타서 분해되어 버린다. 헤어스타일링을 위해 헤어 드라이어나 아이론의 사용 기간이 길고 사용 횟수가 잦은 모발은 점차적으로 수분이 없어져 건성화되어 거칠어지며 같은 자극을 받더라도 정상모에 비해 훨씬 쉽게 손상된다. 이처럼 모발은 열에 약하고 일상에서 열에 의해 많이 손상되므로 되도록 자연 바람으로 말리거나 드라이어의 찬바람을 이용해서 수분의 증발을 막아 모발의 손상을 미연에 방지해야 한다.

(3) 미용 시술 도구에 의한 손상

미용실에서 헤어 디자이너가 사용하는 커트 용구 중에 레이저(razor)를 사용하여 테이퍼링(tapering)한 경우 블런트 커트한 모발보다 모발의 단면적이 더 커짐으로 인해 모피질층의 수분이나 간충물질의 손실도 커지며 다른 약제가 침투하여 기모와 분열모가 쉽게 발생한다. 모발의 수분이나 간충물질의 손실이 큰 모발은 화학적인 미용 시술 시 약품의 작용을 쉽게 받아 손상도가 커진다. 올바른 기술과 질이 좋은 커트 도구를 사용한다면 모발 손상을 피할 수 있다. 이미 손상되어 끝이 갈라진 모발은 손상된 부위를 제거하고 나서 모발의 절단면을 모발 영양제 등으로 보호해 주면 손상을 최소화시킬 수 있다.

(4) 퍼머넌트 웨이브 시술 불량에 의한 손상

퍼머넌트에 의한 손상이 되었을 때는 다공성모가 되기 쉽다. 모발에 따른 펌제의 선택이 잘못된 경우, 제2제의 처리 불량, 방치 시간 부족 등이 생기면 충분히 중화되지 못하여 모발에 제1제로 환원된 과정 그대로 있으므로 모발이 팽윤된 상태가 지속되기 때문에 모발 및 두피가 손상받기 쉬운 상태가 된다. 로드 제거 후 모발에 대한 산성 린스(acid rinse) 처리 불충분으로 인해 모발 중에 알칼리 가 잔류하거나 산화제가 남아 있게 된다면 케라틴(keratin) 단백질의 변성과 멜라닌 색소의 퇴색 등 이차적으로 손상을 일으키게 한다. 그러므로 퍼머넌트나 염색을 한 후에는 그 약 성분이 남아 있지 않게 충분히 헹구어 주고 트리트먼트나 린스 관리를 해야 한다.

가윗날에 의한 손상	- 부딘 날의 가위로 테이퍼 기법을 적용했을 때 - 지나치게 건조한 모발을 무리하게 커트하였을 경우 - 모발을 강하게 당기면서 슬라이싱하였을 경우
레이저 날에 의한 손상	- 웨트 커트하지 않고 드라이 커트하였을 경우 - 레이저의 날이 무딜 경우 - 지나친 텐션을 주면서 시술하였을 경우 - 모발에 레이저를 대는 각도가 나빴을 경우

모질에 비해 강한 환원제(제1제)의 사용	모질에 비해 강한 환원제를 사용한 경우
불충분한 산화제 처리	제2제의 도포량이 부족한 경우 도포 후의 방치 시간이 부족한 경우 산화제의 양을 과다하게 사용한 경우
콜드 퍼머넌트 웨이브 (cold permanent wave) 시술 시의 가온	적정 시간이 넘었거나 온도가 높은 경우
불충분한 린스(헹굼)	모발 중에 알칼리가 잔류한 경우 산화제가 남아 있어 케라틴 단백질이 변성된 경우 멜라닌 색소가 퇴색된 경우
시술자의 와인딩(winding) 기술의 미숙	모발에 고무 밴드를 강하게 고정한 경우 강한 텐션을 가하여 와인딩할 경우 환원제가 고무 밴드와 와인딩된 모발 사이에 고여 있는 경우

(5) 과도한 염색 및 탈색에 의한 손상

염색, 탈색의 횟수가 많아지면 모발은 팽윤, 연화가 반복되거나 모표피의 표면에 문제가 발생하여 손상의 원인이 된다.

알칼리에 의한 손상	모표피를 들뜨게 하거나 소실시키고 모발 내부의 결합도 파괴
산화제에 의한 모발 손상	케라틴 단백질을 분해하여 모발을 다공성모로 유도시킴

(6) 일광에 의한 손상

모발은 태양열에 의해서도 손상되는데, 태양광선은 파장의 길이에 따라서 적외선, 가시광선, 자외선으로 나뉜다. 이 중에서 모발에 영향을 주는 적외선과 자외선이다. 적외선은 열선이라 부르고 물체에 닿으면 열을 발생시켜 모발의 케라틴 단백질이 손상을 받게 되는 것이다. 자외선에 의해 열을 느낄 수는 없으나 화학선이라 불리기도 하는데 피부 내의 색소침착 및 염증을 유발할 수 있다. 수분이 있는 모발이 자외선에 노출되면 모발 속에 존재하는 유멜라닌을 산화 분해시켜 모발의 적색화를 야기하기도 하는데, 바닷물에 모발이 닿았을 경우 더욱 가속화되므로 해변에서 직접적인 태양 광선에 모발을 노출시키지 않도록 하여야 한다.

(7) 대기오염에 의한 손상

모발에 손상을 끼치는 대기 오염 물질로는 공장의 연소가스와 자동차 배기가스에서 배출되는 황산 화합물, 질소 산화물 등에 의한 화학적 손상이다. 또한, 대기 중의 티끌, 먼지 등에 의한 모표피의 물리적 손상을 들 수 있다.

(8) 다이어트와 편식에 의한 손상

과도한 다이어트에 의한 단백질 부족이나 철분 부족에 의해 모발에 영양이 원활히 공급되지 않아 자랄 수 없게 되므로 모발에 영향을 주는 종류의 아미노산을 함유한 단백질을 균형 있게 섭취하는 것이 모발 건강에 중요하다. 이외에 비타민과 미네랄 (특히 철, 아연 등)도 필요하며, 특히 비타민 A, D는 피부를 강하게 하여 비듬과 탈모를 막아주고, 탈모 후 모발 재생에 대해 효과가 있다. 따라서 비타민과 미네랄을 다량 함유한 파슬리, 채소, 딸기, 호박 등을 많이 섭취하는 것이 효과적이다. 또한, 리놀산을 함유한 식물성유는 모발에 광택을 준다.

2) 손상 모의 진단(Diagnois of Damaged Hair)

모발의 손상도의 진단은 모발의 손상도를 보다 정확하게 파악하기 위하여 한 가지의 시험법보다는 여러 가지의 시험을 행하여 종합적으로 진단할 필요가 있다.

(1) 감촉에 의한 진단

모발을 눈으로 보거나(시진), 손가락으로 느낄 때(촉진), '광택이 없다, 기름기가 없다, 끈기가 없다, 기모가 많다, 빗질이 잘되지 않는다' 등의 느낌에 따라 평가한다. 건강한 모발의 기준을 표준형으로 하여 비교함으로써 어느 정도 정확하게 진단할 수 있다.

(2) 마찰 저항 진단

모표피의 손상이 심한 만큼 마찰 저항도 크게 된다. 결국, 모발의 표면이 거칠어 손에 느껴지는 감촉이나 빗질이 나쁘게 된다. 마찰 저항 진단은 모발의 손상 정도를 진단과 동시에 모발 보호제 등의 효과가 있는가 하는 판단에도 사용된다.

(3) 인장 강도 진단

인장 성질 측정의 일반적인 방법은 모발에 서서히 힘을 가하면서 그때의 무게와 늘어남과의 관계를 그 모발의 단위 면적으로 산출하여 기록하고 있다. 그런데 주로 모발의 내부 구조(모피질) 변화가 크다. 손상도 만큼 늘어나는 비율이 크고, 적은 하중에도 쉽게 끊어진다.

(4) 팽윤도 측정

팽윤이란 어떤 물체가 액체를 흡수하여 그 본질은 변하지 않고 체적을 늘리는 현상으로 모발의 수분흡수량을 모발의 중량 증가로 조사하여 측정한다. 일정한 온도 및 습도하에서 모발을 일정 시간 침전시킨 후 모발의 수분 흡수량을 모발의 원심분리기로 부착되어 있는 수분을 제거하고 모발 내부에 흡수된 수분의 중량을 측정한다. 일반적으로 건강한 모발을 물에 담갔을 경우 15% 전후 중량이 증가하지만 손상된 만큼 중량 증가가 크게 된다. 이는 모발에 물을 분무하였을 때, 정상 모는 물을 튕겨내지만 손상 모는 물을 흡수하기 때문이다.

(5) 알칼리 용해도

알칼리 용해도의 증가율은 모발 케라틴의 손상 정도에 비례하므로 알칼리 용해도를 측정함으로써 모발의 손상 정도를 알 수 있다. 모발을 알칼리 용액에 약 30여 분 동안 담가 놓았다가 미지근한 물로 헹궈 내고 무게를 측정하면 처음 모발 무게의 34% 정도 용해되어 모발의 중량이 감소된다. 모발 내부(모피질)의 간충물질이 알칼리 용액에 용해되어 모표피의 손상이 많은 모발일수록 모발의 중량이 크게 감소하는 것이다. 모발 내부(모피질)의 간충물질이 알칼리 용액에 용해되어 모표피의 손상 부분에서 흘러나오기 때문이다.

(6) 아미노산의 조성 변화 측정

모발에 있는 아미노산을 가수분해하여 아미노산 조성의 변화를 분석하는 방법으로, 손상도가 증가하면 가장 많이 함유되어 있는 시스틴 양이 감소하고 시스테인 양은 증가한다.

3) 손상 모의 회복(Recovery of Damaged Hair)

모발에는 자기 회복력이 없으므로 건강 모는 손상되지 않도록 관리하고 또한 손상 모는 그 이상 진행되지 않도록 외부로부터 트리트먼트 제품 또는 클리닉 제품으로 보호하는 것이 중요하다. 수분은 모피질 중에 혼합되어 모발에 윤기가 나게 하고 모발의 움직임에 부드러운 유연성을 준다. 유분은 모표피에 유막을 만들어 광택을 주어 마찰을 감소시키고 모표피의 손상을 막아준다. 또한, 그 이상의 손상을 방지하기 위해 손상 모를 커트한 후 관리하면 손상 모의 회복이 빠르다.

(1) 모표피의 유막 형성

유성 원료에는 광물성(유동파라핀, 바세린) 등, 식물성(올리브유, 동백기름, 야자유, 호호바유 등), 동물성(스쿠알렌, 라놀린, 밍크오일) 등이 있다. 이들을 정제한 것 또는 계면활성제로 유화한 것을 모발에 도포하여 대전 방지, 영양 공급, 코팅 등의 효과가 있어 외부로부터 모표피의 마찰을 적게 해서 물리적 손상을 방지하고 광택, 감촉을 좋게 해서 아름다움을 유지시킨다. 유동 파라핀의 흡수율이 가장 크며, 모발의 피질층은 친수성이지만 표피층은 친유성이기 때문에 유지의 흡수는 모표피층의 표면에서 이루어진다.

(2) 모표피의 수지막 형성

수지(resin)의 피막(capsule)으로 모표피를 덮고, 열과 마찰(friction)로부터 모발을 보호하고 brushing과 combing 등에 의해 부드럽게 하여 모발에 광택을 줌과 동시에 헤어스타일을 정리한다.

(3) 모피질로부터 유출되어 간충물질 보급

간충물질과 유사한 성분인 단백질 성분들을 모발 속으로 침투하여 수분 공급과 함께 외부의 수분을 흡수하는 매개체로 작용하여 모발 표피층이 건조를 막아 모발을 유연하게 해준다. 가수분해된 콜라겐, 엘라스틴은 모발 내부로 쉽게 침투되어 수분 공급, 영양 공급을 하여 탄력성 있는 모발로 회복한다.

2. 모발의 성질

1) 모발의 물리적 성질

(1) 모발의 흡습성(습윤성)

모발은 케라틴 단백질은 친수성이여서 습한 공기 중에서 수분을 흡수하고 건조한 공기 중에서는 수분을 발산하는 성질인 흡습성을 지니고 있어 수분이 모발 안으로 흡착된다. 수분의 흡수 속도는 수증기에서보다 수중에서 흡수가 잘되며 액체의 물은 실온에서는 15분 이하, 35℃에서는 5분 이하로 모발에 침투된다. 손상된 모발은 다공성 정도가 심하게 되어 수분의 흡수량이 많아지지만, 보통 건강한 모발의 수분을 흡수하게 되면 보통 15% 정도 부풀어 오르고 1~2% 정도 길이가 늘어나며 샴푸 후 30%까지 증가한다. 공기 중에는 10~15%의 수분이 드라이 후에는 10% 전후의 수분을 함유하고 있다. 손상된 모발은 다공성 정도가 심하게 되어 수분의 흡수량도 많아지게 된다. 모발을 공기 중에 방치하면 수분을 흡수 혹은 방출하여 그 수증기와 균형을 유지하는 상태가 되는데 온도에 의해 영향을 받는다. 기온이 높고 공기가 건조할 때 세탁물이 빨리 마르는 것과 같이 같은 온도라도 습도가 높아지면 흡수량은 증가하고, 같은 습도라도 온도가 높아지면 흡수량은 감소하여 온도보다 습도 쪽의 영향이 더 크다. 기온이 높고 공기가 건조할 때에 세탁물이 빨리 마르는 것과 축축한 모발에 드라이어로 열풍을 불어 넣으면 빨리 건조되는 것 등은 동일한 현상이라고 할 수 있다. 흡수량은 동일한 온도에서도 습도가 높게 되면 증가하고 동일한 습도에서는 온도가 높게 되면 감소하게 된다. 흡수성은 염색이나 퍼머넌트에 영향을 미치는데 모발 전체에 흡수성이 고르지 않으면 컬러의 색조들이 고르지 않게 나타나며 펌의 웨이브 형성에도 영향을 미쳐 모발의 손상을 초래한다. 이 습기는 모발을 탄력성 있고 촉촉하게 해준다. 세팅이나 드라이 후 지나친 습기는 웨이브의 형태를 없어지게 하므로 이를 유지하기 위해 세팅 로션이나 스프레이를 사용해야 한다.

(2) 모발의 팽윤성

팽윤이란 어떤 물체가 액체를 흡수하여 그 본질을 변화시키지 않고 체적을 증가시키는 현상이다. 모발의 팽윤은 어느 정도 진행되면 그 이상 진행되지 않는 경우(유한 팽윤)와 계속 진행되어 마지막에는 용액이 되어 버리는 경우(무한 팽윤)가 있다. 모발이 수중에서 팽윤 평형에 달하는데 실온에서 15분 이상, 고온에서는 5분 이내로 거의 팽창에 가까운 팽윤도가 된다. 물이 흡수되어 늘어지려는 성질과 측쇄가 원래의 상태로 되돌아가려고 하는 성질이 만나는 지점이 팽윤 평행에 해당되며 이 상태에서 더 시간이 지나도 팽윤이 진행되지 않는다. 모발 단백질의 그물망 구조는 침투한 수분에 의해 주쇄 간격이 넓어져 모발이 부풀어지기 쉽기 때문이다. 이러한 과정을 통해 그물상의 연결과 연결 사이의 측쇄는 늘어진 형태가 되며 늘어진 측쇄는 기회가 있을 때마다 원래 상태로 되돌아가려고 하는 성질이 있다. 등전점보다 산성이 됨에 따라 팽윤도는 서서히 커지게 되지만 pH 2 이하에서는 응고되거나 단단해지고 결국에는 분해된다. 알칼리성의 경우도 순차적으로 팽윤도는 커지게 되지만 pH 10 이상이 되면 급격하게 팽윤되어 용해되게 된다. 모발은 pH 4 부근에서 전기적으로 중성을 띠고 등전점의

pH 용액을 가지는 경우 모표피가 닫혀 있어 매우 안정된 상태로 존재하나, 모발에 알칼리성 염모제, 파마약, 비누를 사용하면 모표피가 팽윤되어 열리게 된다.

(3) 모발의 건조성

타월 드라이를 한 모발은 모발 표면에 부착되어 있는 물의 대부분이 제거되지만 샴푸 후 젖은 모발에 흡착된 물은 팽윤 균형의 상태에서 30% 이상의 수분을 포함하고 있다. 이것을 건조시키면 처음에는 잔존해 있는 수분이 제거되는 단계에서 건조 속도가 상당히 빨라지지만, 수분율 30% 이하가 되면 모발은 건조되는 속도가 점차 느려진다. 샴푸 후 젖은 모발 내 흡착된 물은 팽윤 균형 상태에서 30% 이상의 수분을 포함하고 있다. 함수량이 많은 모발은 60℃ 전후에서 열변성을 일으키는 것으로 전해지고 있다. 모발에 여러 가지 화학물질이 잔류하고 있는 경우에는 더욱 낮은 온도에서도 손상을 받게 되는 것을 충분히 고려하여야 한다. 그러나 set의 경우는 고온에서 건조된 경우가 set의 유지를 좋게 한다. 또한, 최근 손상 모의 고객들이 증가하고 있는 것은 핸드 드라이어 등이 일반 가정에 보급됨에 따라 그 사용 횟수가 증가하고 고온의 바람에 의한 것이 그 원인이므로 고객들에게 드라이어의 사용 방법에 대해서 충고를 해주어야 한다.

(4) 모발의 열변성

열이 모발에 미치는 영향은 건열과 습열이 다르다. 건열에서 외관적으로는 120℃ 전후에서 팽윤되고 130~150℃에서 변색이 시작되어, 270~300℃가 되면 타서 분해되기 시작한다. 그러나 기계적인 강도에서는 80~100℃에서 약해지기 시작하여, 화학적으로는 150℃ 전후에서 시스틴이 감소되고 180℃가 되면 α-keratin이 β-keratin으로 변한다. 습열에서 시스틴의 감소는 100℃ 전후에서 볼 수 있고, 130℃에서 10분간 두면 keratin의 α형은 β형으로 변화한다. 케라틴의 변성은 습도 70%에서 70℃부터 시작되지만 습도 97%에서는 60℃에서 시작되며, 처리 온도는 60℃ 이하로 하는 것이 모발의 손상을 방지하는 역할을 한다. 모발에 묻어 있는 약제를 충분히 씻어내지 않을 경우 모발은 열변성을 한층 강하게 받게 되어 손상을 유도하게 된다. 아이론(iron)의 온도는 200℃ 전후, 핸드 드라이어의 온도는 송풍구의 거리에 따라 달라지지만 90℃ 전후도 있고 부분적으로는 고온이 되기 때문에 주의하여야 한다. 높은 열이나 빛에 의해 색과 구조가 변하고, 적외선과 자외선이 모발의 열변성을 유발한다. 습도가 높은 경우와 낮은 온도에서도 쉽게 손상되는 것을 알 수 있다.

- 건조 상태: 120℃ 전후에서 모발이 팽윤된다.
- 130~150℃: 변색 및 시스틴의 감소된다.
- 180℃: 케라틴 구조의 변형이 일어난다.
- 270~300℃: 모발의 케라틴이 높은 온동에서 분해된다.
- 습도가 높은 상태 - 100℃: 시스틴의 감소가 나타난다.
- 130℃: 케라틴 구조의 변형이 발생한다.

(5) 모발의 광변성

태양광선에서 적외선과 자외선은 모발 손상에 따른 변성을 준다. 적외선은 물체에 닿으면 열을 발생시키는 열선이고, 파장이 짧은 자외선은 화학선으로 과도한 노출 시 시스틴 결합이 변성되거나 감소되어 모표피가 손상되며, 모표피의 시스틴 함량을 줄어들게 하여 멜라닌 색소 파괴를 시켜 모발의 탈색을 유도한다. 모발 케라틴은 그 열에 의해 어느 정도는 측쇄결합이 파괴되어 모발이 손상을 입는다. 적외선을 적당히 두피에 조사할 경우 말초혈관의 순환을 좋게 하므로 탈모 방지, 육모 등에 트리트먼트 효과가 있다. 모발을 일광에 쬐이는 시간이 장시간 옥외 근로자나 해안의 거주자 등 퍼머넌트 웨이브가 잘되지 않거나 쉽게 늘어나는 원인은 자외선에 의한 모발 케라틴의 변성 때문이라 할 수 있다.

(6) 모발의 대전성

모발을 브러싱하거나 백 코밍할 때 브러시와 빗에 모발이 달라붙는다거나 모발끼리 반발하여 브러시에 모발이 엉키는 정전기 현상을 말한다. 특히 플라스틱 빗으로 모발을 빗으면 마찰에 의해 모발은 빗의 이동에 따라 정전기를 띠게 된다. 정전기 현상은 저온에서나 겨울의 건조 시기에 많은 물체에서 볼 수 있는데, 마찰에 의해 정전기가 발생하기 때문에 일어나는 것이다. 이때 마찰을 적게 하거나 습기를 보충하면 정전기는 발생하지 않는다. 정전기 방지제로서 실리콘, 유지, 계면활성제, 습윤제 등이 이용되고, 이들을 배합한 생활용품, 모발용품 등이 시판되고 있다. 즉 모발과 빗에 생기는 +전하와 -전하에 의해 생기는 것으로, 정전기를 없애는 제품을 사용한다.

(7) 모발의 고착력

모발의 고착력(탈락 강도)은 1가닥의 머리카락을 두피(모근)로부터 뽑아내는 데 필요한 힘을 말하는 것으로 모발과 모낭(내모근초)간의 결속력을 뜻하기도 한다. 또한, 두피로부터의 탈락 강도는 모발의 성장주기 및 두피의 상태, 신체의 건강 상태 등에 따라 차이가 있으며, 모발은 모구가 모공 벽과 밀착되어 있어서 쉽게 빠지지 않는다. 그러나 모발의 성장주기에 따라서 성장기에 강하고 퇴화기에는 약하다. 성장기 상태의 한 올의 모발을 뽑는 데 드는 힘은 약 50~80g 정도의 힘이 필요하며 휴지기 모인 경우는 20g 정도의 힘이 필요하다.

(8) 모발의 질감

질감은 모발 표면의 감촉을 말하는 것으로 모 표피층의 손상 정도 및 모발의 굵기(모발의 종류)에 따라 질감의 차이가 있다. 모발의 질감은 모발의 손상도가 높고, 모발이 경모에 가까울수록 질감이 강하게 나타나는 반면, 가는 모발이나 건강 모일수록 질감이 부드러운 것이 특징이다.

(9) 모발의 다공성

모발의 내부에 존재하는 공기층이 수분을 흡수하는 성질을 말하는 것으로 모발 손상도, 모발의 영양 상태, 물에 대한 친수성 등에 따라 차이를 보이는데 손상 모나 화학적 시술에 의해 모표피가 열린 모발의 경우에는 다공성이 증가하는 반면에 모표피가 촘촘히 닫혀 있는 건강 모나 수분에 대하여 강한 반발력이 있는 발수성 모의 경우에는 다공성 확률이 낮다. 모발 전체의 다공성의 정도가 다를 경우 화학적인 시술 시 결과물이 다르게 나타나므로 단백질 제품을 이용하여 다공성이 심한 부분에 도포한 후 시술에 들어가야 한다.

(10) 수분 상태

정상 두피의 각질층에 존재하는 수분의 양은 피지막 및 천연 보습인자 등의 작용으로 평균 15~20% 미만을 유지하고 있으며, 이러한 이유로 정상 두피의 두피 상태는 항상 촉촉함과 매끄러움을 유지하고 있다. 특히 드라이 시술은 적당한 수분이 있는 상태에서 드라이를 시작하여 드라이를 끝난 후에는 모발 자체의 수분이 적어도 10% 정도가 남아 있어야 한다. 수분이 없는 건조한 상태에서 미용 시술을 하면 건조 후에도 남아 있어야 할 모발 자체의 수분이 건조되므로 모발 손상의 원인이 된다.

구분 / 종류	모근	모간	모선
염색 모, 극손상 모	10%	35%	50%
웨이브 모, 손상 모	10%	25%	40%
스트레이트 모, 정상 모	5%	15%	30%

(11) 모발의 강도와 신장도

모발의 강도는 모발 한 가닥을 양쪽으로 끌어당겼을 경우 끊어지는 정도를 말하는 것으로 모발의 강도는 모발의 굵기(직경), 손상 정도, 모발의 영양 상태, 수분함량 정도 등에 따라 차이가 있다. 모발에 걸린 하중을 인장 강도(g)라 하고, 이때의 신장률을 신장도(%)라 한다. 일반적으로 보통 모발의 평균 강도는 약 150g 이상이며 손상 모인 경우 약 100g 이하의 힘이 필요하다. 탈모를 진단할 때 여러 부위의 모발을 채취하여 실험한 결과의 평균치를 이용하는 것이 효과적이다. 강도 측정 시 온도와 습도에 따라 수치가 달라지기 때문에 온도 25℃, 습도 65%를 기준으로 하여 측정하며, 개인차가 많겠지만 평균적으로 손상 모는 40~50%이며, 손상 모는 60~70%의 신장률을 갖는다. 수분을 충분히 흡수시키면 70%까지 늘어나고 따뜻한 수증기를 가하면 100% 늘어 날 수 있다. 케라틴 분자 구조가 α-keratin에서 β-keratin으로 변하고, 수소결합이 느슨해지기 때문이다.

(12) 모발 밀도

일정한 모공의 간격을 유지한 상태로 빈 모공이 거의 없는 것이 특징이며, 두상 전체에 존재하는 모공당 평균 1~3본/1 모발의 수를 유지하고 있다. 모발의 밀도는 정상 두피 및 정상 모발, 탈모 진행도를 진단하는데 중요한 기초 자료로 활용되고 있으며, 두피관리의 효과에 대하여 판단할 수 있는 임상자료이기도 하다. 모발은 하루에 약 40~100본 정도가 탈락을 하고 동시에 탈락 수만큼의 모발이 성장을 하고 있어 모발의 밀도가 항상 일정하게 유지되는 것이다. 일반적으로 1㎠당 모발의 밀도는 저밀도의 경우 120본/㎠, 중밀도 140~160본/㎠, 고밀도 200~220본/㎠ 정도를 유지하고 있다. 모발의 밀도는 탈모의 진행과 동시에 점차적으로 감소하는 특징을 지니고 있으므로 탈모의 진행 정도를 알 수 있다.

(13) 모발의 굵기

모발의 종류를 결정짓는 요소 중 하나인 모발의 굵기 변화는 남성이 24세 이

후, 여성이 30세 이후에 일어나고 연령, 환경, 건강 상태, 탈모 진행 정도, 인종, 성별 등에 따라 차이를 있으며 연모와 경모로 나뉜다. 특히 모발의 굵기는 탈모의 진행 정도를 체크하는 데 있어 중요한 자료로 활용되고 있다. 모발의 굵기는 모피질과 모표피의 두께에 영향을 받으며, 동·서양인 간에 차이가 있다. 동양인의 경우에는 모피질 부위가 적은 반면 모표피 층이 두꺼우며, 서양인의 경우에는 모피질 부위가 두껍고 모표피 층이 얇은 형태를 띠고 있어 모발의 감촉이 동양인에 비해 부드러우며, 또한 모발의 굵기가 가늘다. 모발의 굵기를 보면 보통은 0.075~0.085mm이고 가장 굵은 모발은 0.1mm 정도이고, 가는 모발은 0.06mm이다. 건강한 모발은 모근부터 모발 끝까지 굵기가 일정한 데 비해 영양이 모발 끝까지 전달되지 못하면 모발 끝으로 갈수록 점점 가늘어져 손상된다. 모발의 굵기는 염색 색상이 다르게 나타나는 요인 중의 하나로 색소가 넓은 공간과 작은 공간에 분포되었을 때 나타난다. 동일인의 모발이라도 성장 부위에 따라서 모발의 굵기가 달라서 가는 모발 부위는 손상되기 쉬우므로 미용 시술 시 주의하여야 한다.

(14) 모발의 탄성도

모발에 끊어지지 않을 일정한 힘을 가하였을 때 늘어났다가 다시 원래의 형태로 돌아가려고 하는 정도를 모발의 탄성도라고 하며, 모발의 수분 함유량이나 모발 손상도에 따라 차이를 보인다. 모발의 굵기, 선천적인 특징, 영양 상태 등의 여러 원인에 따라 차이를 보인다. 모발의 탄력성은 케라틴이 코일 모양의 스프링 구조로 되어 있기 때문에 너무 세게 잡아당기면 원래의 형태로 돌아갈 능력을 상실하게 된다. 탄성이 좋은 모발은 상대적으로 손상이 적다는 의미로 펌 시술 시 제품의 선정 기준이 되고, 탄성이 좋은 모발은 웨이브가 탄력이 있고 유지되는 기간도 오래 가는 것이 일반적인 특징이다. 또한, 펌의 경우 펌제의 흡수와 팽창에 직접적인 영향으로 펌 후에는 탄력성이 약 5~20% 감소하게 되는데 이것은 환원 단계에서 이황화결합의 약 20%가 파괴되기 때문이며, 환원제의 수

용액에서 모발섬유를 펴는 것은 이황화결합, 수소결합의 파괴와 분자의 재배치 때문에 탄력성 감소되지만 환원된 모발에 대한 산화제(중화제)를 도포해 줌으로 해서 다시 탄성이 원래 모발의 탄성에 근접 증가한다. 모발의 탄성은 모발의 외적, 내적 변화에 대하여 크게 반응하는 것이 특징으로 모발의 수분 함유량 및 손상 정도 등에 따라 차이가 있다. 케라틴 단백질의 구조적인 특성 때문에 생기는 현상이다. 건강 모는 끊김 없이 20% 정도 늘어나고, 젖은 모발은 50~60%, 퍼머넌트 약 액을 도포한 모발은 70%까지 당기면 신장이 가능하다. 모발의 신장은 습도에 따라서 영향을 받기 때문이다.

2) 모발의 화학적 성질

(1) 수소결합

탄소와 이중결합하고 있는 산소가, 다른 쪽의 질소와 결합하고 있는 수소와 결합한 하나의 결합력은 약하지만 다수의 결합이 존재하기 때문에 모발의 성상을 크게 변화시킨다. 수소 결합은 모발에서 가장 많이 있는 결합이다. 이들은 모발의 교차하는 힘의 약 1/3을 작용하고 물에 의해 쉽게 파괴된다. 모발을 건조시키면 이들은 다시 만들어진다. 또한, 폴리펩타이드 고리들이 나선형의 모양을 유지하도록 돕는다. (헤어 세팅과 블로드라이에 이용)

(2) 염결합

산성이나 알칼리성 용액에 모발을 적셔 놓은 후 당기면(팽윤 및 연화 상태) 작은 힘으로도 늘어나게 된다. 이 같은 원리로 perm제 제1액에 의해 환원된 모발을 당기면 작은 힘으로 측쇄인 cystine결합이 끊겨 모발은 일시 가소성모(可塑性毛, phasticity hair)가 된다. 그러나 이렇게 한 모발도 제2액으로 산화시키면 약산성인 등전대로 되돌려진다. 이때 건조시키면 원래의 탄성모로 바뀐다. 보통의 permanent wave제가 알칼리성이 되는 이유 중의 하나는 측쇄의 염결합이 끊어지기 때문이며 또한 알칼리용액은 결합을 절단하는 데 사용되기도 한다. 염결합은 모발의 등전점일 때 결합이 강하고, 강산이나 알칼리에서는 약해진다.

(3) 시스틴결합

가장 강한 결합으로 황과 황이 결합해 강도와 탄성을 준다. 이 결합을 자르지 않으면 웨이브를 형성시킬 수가 없기 때문에 퍼머 시 환원제인 티오글리콜산이나 시스테인을 이용해 결합을 끊어지게 하고 있다. 모발에 물을 적신 후 잡아당기면 수소결합이 물에 의해 절단되어 더 작은 힘으로 늘어나고 산성이나 알칼리성 용액에 적셔 당기면 더 작은 힘으로 늘어나게 되는데 염결합이 끊어졌기 때문이다. 마찬가지로 퍼머넌트 웨이브 1액을 도포한 후 당기면 작은 힘으로 시스틴 결합을 끊을 수 있다.

(4) 산화제에 의한 변화

과산화수소나 과산화요소 과붕산나트륨 등의 산화제는 알칼리성에서 활발하게 반응해서 산소를 발생시켜 모발 중의 멜라닌을 탈색시키기도 하고 염료를 산화 중합시켜 발색을 촉진하는 작용이 있다. 과산화수소는 통상 암모니아수로 알칼리 활성해서 사용하는 것이지만, 다른 알칼리제를 사용하면 모발 중에 알칼리가 남아서 모발을 손상시키는 원인을 만든다. 또한, 과산화수소가 강하게 작용하면 폴리펩타이드 결합까지 절단해서 손상은 더욱 심해져서 끊어지게 된다.

(5) 알코올에 의한 변화

모발에 사용하는 헤어토닉, 스프레이, 로션 등은 알코올을 사용하는 것이 많은데 농도가 50% 이상이 되면 단백질에 의해 탈수 반응을 나타내거나 수렴 응고 반응을 일으키게 해서 모발을 변성시킨다. 이 단백질은 비가연성이기 때문에 원래 상태로 돌아가지 않고 50% 이하의 것이라도 오랫동안 사용하면 모발을 손상시키게 되므로 그 취급에는 충분한 주의가 필요하다.

(6) pH에 의한 영향

pH란 측정 단위로 수분을 포함하고 있는 물질이 산성, 알칼리성의 정도를 나타내는 수치로서 수분이 없는 물질에는 pH가 존재하지 않으며 반드시 수분이 있는 물질에서만 측정하여 나타낼 수 있다. 또한, 제품의 pH에 따라 모발의 손상도가 달라지고 회복될 수도 있다. 아미노산은 분자 내에 염기성 아미노기 1개와 산성의 카르복실기(-COOH) 1개를 가지고 있다. 이 주쇄결합을 하지 않는 잔기는 측쇄결합으로서 상호 결합하고 있다. 결국, 아미노산 +와 카르복실기 —와 이온적으로 염결합하는 것이다. 모든 아미노산기와 카르복실기 polypeptide결합, 또는 염결합할 때의 모발(keratin 단백질)의 pH는 4.5~5.5이다. 결국, 이 값의 범위로서 측쇄의 염결합은 가장 안정되어 있는 것이다, 이것을 모발의 등전점이라고 한다.

중성	염기성기와 산성기의 균형이 유지되는 것
산성	카르복실기가 1개 이상인 것
염기성	아미노기가 1개 이상인 것

① 모발과 알칼리

산으로 중화할 수 있으며 쓴맛이 나고 감촉은 비누같이 미끈거리고 알칼리화된 모발은 건조해 보이며 손질하기가 나쁘다. 모발의 등전점인 pH 4.5~5.5에서 알칼리로 가까워질수록 모발의 단백질 구조는 불안정한 상태가 된다. 즉 약 알칼리에서는 모발의 유연함을 주지만 강 알카리에서는 모발의 구조는 물론 단백질도 분해시켜 알칼리제에 의한 모발 손상을 많이 준다. 따라서 강한 알칼리로 시술된 모발의 경우엔 각별한 홈 케어와 함께 사후관리가 요구된다.

② 모발과 산성

알칼리로 중화할 수 있고 신맛이 나며, 모발의 산성에 대한 저항력은 알칼리에 비해 강한 편이나. 모발 내의 난백실 빛 모표피는 산성에 대해 수축작용을 일으킴으로써 산성의 모발 내부 침투를 방지한다. 따라서 강한 산성이 아니라면 산성에 의한 모발 손상도는 적은 편이다. 모발에 사용하는 산성 린스는 모발에 윤기를 주고 건강하게 하며 손질하기에 용이하게 해준다. peramnent wave제, hair coloring제 등 알칼리성의 약제를 사용한 후에는 모발은 알칼리성으로 된다. 산성 린스 등으로 처리하는 것은 모발의 pH를 등전점으로 되돌리기 위한 것이다.

모발의 성장 속도	
1일 성장 속도	0.4mm 정도 [1일 전체 모발 성장 길이: 0.4×10만 본=40ml]
성장기 동안의 모발 성장 길이	1일 성장 길이×5년(365×5)= 5년 동안의 성장 길이 0.4×(365×5)=730mm=73cm [성장기 동안의 모발길이]
성장 속도 변화 요인	건강 상태, 호르몬, 식생활, 계절, 나이, 성별, 신체 부위

모발 영양학

1. 영양학

1) 영양소의 작용

영양소란 인체의 성장과 생명 유지에 필수적인 물질로서 에너지를 공급하고, 생체 반응을 조절하는 인자들을 공급하여 인간의 건강과 성장을 촉진하는 물질이다. 생명을 유지시키는 5대 영양소에는 탄수화물, 지질, 단백질, 비타민, 무기질이 있다. 인체는 약 40여 종의 영양소가 필요하기 때문에 영양학적으로 완전한 식사는 40여 종의 영양소를 함유하고 있어야 한다. 일상생활에서 섭취하는 음식물의 에너지는 체내 활동의 원동력이 된다. 이밖에도 체내에서 일어나는 각종 기능을 조절하고 정상적인 건강 유지에 필요한 성분으로는 비타민과 무기질을 비롯해서 효소 및 호르몬 등이 있다. 영양소의 몸에서의 작용을 살펴보면 아래와 같다. 그 밖에 물도 필수영양소에 포함시킨다. 탄수화물, 단백질, 지방은 생활에 필요한 에너지원이 되고 몸의 구성 요소이며 많은 양을 섭취하므로 주 영양소 또는 3대 영양소라 부르며, 비타민, 무기질, 물은 에너지원으로는 쓰이지 않지만 몸을 구성하거나 생리작용을 조절하는 역할을 하므로 부 영양소라고 한다.

2) 영양소의 기능

우리가 매일 섭취하고 있는 음식물의 성분은 우리의 몸으로 들어가서 세포나 조직의 원료가 된다. 또한, 영양소가 분해되어 에너지로서 활동할 수 있는 힘을 얻어서 생존을 하게 되는 것이다.

(1) 에너지 생성

칼로리원으로 에너지를 공급하는 것인 영양소는 우리 몸의 열량원으로서 에너지를 보급하여 신체의 체온 유지와 활동에 관여한다. 필요한 영양소는 탄수화물(당질), 지방, 단백질이 이용된다.

(2) 몸의 구성

영양소는 신체의 조직이나 골격을 구성하거나 신체의 소모 물질을 보충하면서 체력 유지에 관여한다. 이 영양소는 단백질, 무기질, 지방, 탄수화물 등이 이용된다. 단백질이 가장 큰 역할을 한다.

3) 영양소의 구성 요소

영양소는 그 종류에 따라 몸에서 기능이 다르다. 이들 영양소를 체내 작용에 의하여 분류하면 열량소, 구성소, 조절소로 나눌 수 있다.

4) 영양소의 소화 흡수와 경로

(1) 입

음식의 소화가 처음으로 시작되는 곳이지만 음식물이 입안에 머무르는 시간이 짧으므로 많은 소화작용은 일어나지 못한다.

(2) 식도

음식물 덩어리를 입으로부터 위까지 운반해 주는 통로 역할을 한다.

(3) 위

소화기관 중 산성을 띠고 있으며 여러 형태의 세포가 있어 소화에 중요한 다양한 분비물들을 만들어 낸다.

(4) 소장

영양소의 소화와 흡수가 일어나는 주된 장소이며 영양소의 화학적 분해는 거의 모두 소장에서 일어난다.

(5) 대장

소화기관의 마지막 부분으로 대장에서 제일 중요한 기능은 물을 재흡수하고 신체로부터 필요 없게 된 물질들을 내보낼 준비를 하는 곳이다.

5) 모발과 영양

모발과 두피의 건강을 위해서 인종, 성별 등의 유전적 요인과 대기오염, 수질오염 등의 환경적 문제 외에 영양관리가 중요하다. 단백질을 포함한 음식물은 위장에서 아미노산으로 분해되어 장벽에 흡수되며, 혈액에 의해 운반 되어진 영양분은 여러 기관으로 흡수된다. 모발의 경우 모유두의 모세혈관을 통해 모발이 성장하게 된다. 모발을 위해서는 단백질뿐만 아니라 비타민과 미네랄도 필요하다. 비타민은 피부를 건강하게 해주며, 충분한 영양을 주기 위해서는 여러 종류의 아미노산을 포함된 단백질을 균형 있게 섭취하여야 한다.

2. 영양소

1) 탄수화물

탄수화물은 인간이 이용하는 식품 중에서 가장 많이 포함되어 있다. 체내 중요한 에너지의 공급원으로 소화가 잘되게 하며 응용성이 높고 가격도 저렴하다. 탄수화물의 형태로서 곡류, 과실류 중의 탄수화물은 녹말의 형태로 있으며 바나나, 사탕수수와 같은 것은 당분의 형태로 구성되어 있다. 주로 탄소(C), 수소(H), 산소(O)로 구성되어 있다. 탄수화물은 식이에서 단맛을 내고 체세포에서는 에너지를 공급하는 중요한 역할을 하며, 에너지 공급의 주된 형태는 대부분의 탄수화물에서 얻어지는 포도당이다. 탄수화물은 인간이 이용하는 식품 중에서 가장 많이 포함되어 있다. 그리고 지방, 단백질과 함께 에너지를 공급하는 3대 영양소 중에서도 가장 중요한 에너지 급원이다. 탄수화물의 형태로서 곡류, 과실류 중의 탄수화물은 녹말의 형태로 있으며 바나나, 사탕수수와 같은 것에는 당분의 형태로 존재한다.

(1) 당질 식품의 종류

탄수화물은 모든 당류 및 전분류를 말하며 포도당의 체내로 섭취된 탄수화물은 일단 포도당으로 전환된다. 탄수화물의 종류는 단당류, 이당류, 다당류로 분류되며 가장 중요한 기능은 혈당을 유지하는 에너지원으로서 작용한다. 또한, 단백질을 절약시키는 작용을 하며 필수영양소로서의 기능과 섬유소의 장내 작용으로 변비를 방지하는 좋은 기능을 갖고 있다.

(2) 탄수화물의 기능

탄수화물의 가장 중요한 기능은 에너지원으로서 혈당을 유지하는 역할이다. 필수영양소로서의 기능과 섬유소의 장내 작용 등의 변비를 방지하는 좋은 기능을 갖고 있다. 탄수화물 1g당 4kcal를 공급하며 소화흡수율이 98%로써 섭취한

탄수화물 거의 전부가 체내에서 소비된다. 탄수화물은 에너지원일 뿐만 아니라 필수영양소로써 하루에 적어도 60~100g 정도는 꼭 섭취해야 한다.

(3) 식이섬유와 건강

식이성 섬유질은 인체의 소화기관에서는 소화되지 않는 탄수화물의 형태로 식물성 식품에 함유되어 있다. 식이성 섬유는 소화관의 장운동을 도와 변비를 예방하고 대변의 배설을 도와준다. 사람에게는 셀룰로오스(cellulose)를 분해하는 효소가 없어서 열량원으로 이용되지 않으나 초식동물 위에서는 셀룰로오스를 분해하는 세균이 있어서 열량원으로 이용된다.

2) 지방

(1) 지방의 구성

지방은 체지방 조직 성분이며 세포막, 호르몬, 소화 분비액 등을 주로 지닌 구성 성분이다. 지질에 있는 콜레스테롤은 이러한 기능들을 유지하는데 중요한 역할을 한다. 주로 탄소(C)와 수소(H), 산소(O)로 이루어져 있으며 탄수화물보다 산소 분자를 적게 함유하고 있기 때문에 동일한 양이라도 더 많은 에너지를 생산해 낼 수 있다. 또한, 체지방 조직 성분이며 세포막, 호르몬, 소화 분비액 등을 주로 지닌 구성 성분이다. 지방은 피부나 모발에 광택을 주고 유연하게 하며 건조를 막아주는 작용을 한다. 그리고 체내에서 지방산과 글리세린으로 분해되어 흡수된 후 지방조직을 보충하거나 에너지를 공급한다. 지방은 몸에서 체지방이 되어 외부와 절연체 역할을 한다. 특히 신체의 온도를 유지시켜 주며, 체내의 장기를 둘러싸고 보호하여 주는 충격 흡수의 역할을 한다.

(2) 지방의 기능

지질은 에너지원으로서 다음과 같은 특징이 있다.

① 에너지 값이 제일 높으며 지방은 1g당 약 9kcal로 이 값은 탄수화물 1g에서 나오는 양의 4kcal보다 약 2.25배가 많다.

② 탄수화물과 고칼로리에 해당하는 식품이다. 그러므로 지방질은 칼로리를 보충하는 식품으로 양이 적으므로 소화기에 주는 부담은 가벼워진다. 이러한 기능 외에도 체내 지용성 비타민을 운반하여 주고, 향미 성분의 공급과 식욕을 돋우며, 소화되는 속도를 늦추어 위에 오랫동안 머물도록 하여 포민감을 준다. 지방은 체내의 신진대사를 조절하는 데 필요한 필수 지방산을 공급해 주며 비타민 A, D, E, K, F, U와 같은 지용성 비타민의 흡수를 돕는다.

(3) 지방의 종류

지방질을 구성하는 성분인 지방산은 포화 지방산과 불포화지방산으로 나누어진다. 지방은 조직 활동과 성장에 필요한 영양소로서 체내에서 산화되어 가장 많은 에너지를 생성한다. 동물성 지방은 육고기, 생선, 닭, 우유 및 유제품 등에 함유되어 있으며 식물성 지방은 콩기름, 참기름, 들기름, 채종유 기름 등에 함유되어 있다. 특히 모발과 밀접한 지방산은 리놀산(linolic acid)을 포함한 식물성 기름은 모발에 윤기를 주며, 낙화생, 참깨, 사라다유 등을 적당히 섭취하는 것도 필요하다. 모발과 피부를 활발하게 하는 영양소는 비타민 E(필수지방산)는 모발을 윤기나게 하는 역할을 한다. 아름다운 모발을 위하여 검은 깨, 검은 콩, 땅콩, 호도 등을 충분하게 섭취하여야 한다.

3) 단백질

(1) 단백질의 구성

단백질은 탄수화물, 지방과는 달리 탄소(C), 수소(H), 산소(O) 이외에도 질소(N)를 포함하고 있다. 신체 단백질의 기본 단위는 아미노산이며 단백질은 먼저 인체 구성을 위한 영양소로서 특히 생명 현상의 유지에 중요한 역할을 하는 물질이다. 골격을 제외한 거의 모든 조직세포는 단백질로 이루어져 있으며 근육, 내장기관, 간, 피부뿐 아니라 모발이나 손톱, 발톱 등 모든 생체 기능에 관여하는 필수영양소이다. 피부는 콜라겐과 엘라스틴으로, 피부 표면은 케라틴으로 구성되어 있다. 단백질은 또 효소나 항체 및 호르몬과 같이 생명 유지에 없어서는 안 될 중요한 물질을 만드는 성분이기도 하다. 신체 조직은 끊임없이 교체되므로 단백질의 이런 성질을 이용하여 인체의 상태를 알아볼 수 있다. 낡은 세포가 손실되면 새로운 세포를 만들기 위하여 단백질을 보충하지 않으면 안 된다.

| 모발을 구성하는 아미노산 |

종류	아미노산	조성	등전점
산성	아스파라긴산(asparaginic acid)	3.9~7.7%	pH 2.8
	글루타민산(glutamic acid)	13.6~14.2%	pH 3.2
중성	알라닌(alanine)	2.8%	pH 6.0
	글리신(glycine)	4.1~4.2%	pH 6.1
	이소루이신(isoleucine)	4.8%	pH 5.9
	루이신(leucine)	6.3~8.3%	pH 6.0
	메티오닌(methionine)	0.7~1.0%	pH 5.7
	시스틴(cystine)	16.6~18.0%	pH 5.0
	페닐알라닌(phenylalanine)	2.4~3.6%	pH 5.5
	프롤린(proline)	4.3~9.6%	pH 5.7
	세린(serine)	4.3~9.6%	pH 5.6
	트레오닌(threonine)	7.4~10.6%	pH 5.7
	트립토판(tryptophan)	0.4~1.3%	pH 5.9
	티로신(tyrosine)	2.2~3.0%	pH 5.7
	발린(valine)	5.5~5.9%	pH 6.0
염기성	아르기닌(arginine)	8.9~10.8%	pH 10.8
	히스티딘(histidine)	0.6~1.2%	pH 7.5
	리신(lysine)	1.9~3.1%	pH 9.7

(2) 단백질의 기능

단백질은 인체 구성을 위한 영양소로써 특히 생명 현상 유지에 중요한 역할을 한다. 골격을 제외한 거의 모든 조직세포는 단백질로 이뤄져 있다. 우리 몸의 근육, 내장기관, 간, 피부뿐 아니라 모발이나 손톱, 발톱 등 모든 생체 기능에 관여하는 필수영양소이다. 단백질은 분해되어 아미노산으로 흡수된 다음 혈액에 의하여 빠른 속도로 각 소식에 운반되어 많은 작용을 한다. 단백질은 생물체의 몸의 구성 성분으로서 중요한 기능을 하며, 또 세포 내의 각종 화학반응의 촉매(효소) 역할을 담당하는 물질로써, 그리고 항체를 형성하여 면역을 담당하는 물질로써 대단히 중요한 유기물이다.

① 새로운 조직의 합성과 보수 및 유지

체내 단백질은 심한 출혈, 심한 화상, 외과적 수술 및 뼈 골절과 같은 손상된 부분의 조직을 다시 만들어 준다. 즉 머리카락, 손톱 및 발톱의 성장, 피부, 결합조직, 혈액의 유지, 근육의 정상적인 유지를 위해서 필요하다.

② 효소 및 호르몬 항체 형성

단백질은 각종 효소의 주성분이다. 음식이 소화되는 동안 일어나는 화학적 변화는 효소를 필요로 한다.

③ 체액 균형 유지

단백질은 체내에서 무기질과 수분평형의 조절한다. 단백질 섭취가 부족하면 혈중 단백질 농도가 낮아져 혈액 내의 물은 조직액으로 이동하게 되어 부종이 생긴다.

④ 영양 공급 및 운반

탄수화물과 지방처럼 단백질도 열량(1~2%)을 공급하며 단백질은 1g당 4kcal의 열량을 공급한다.

⑤ 산, 염기의 균형

신체 내 정상적인 약알칼리성 상태를 유지시켜 준다.

⑥ 단백질의 체내 합성

단백질의 섭취는 바로 아미노산을 공급하기 위한 일이기 때문에 균형 잡힌 식사로 필수아미노산을 섭취하는 것이 중요하다. 아미노산으로 분해되어 흡수되는데, 필수아미노산은 체내에서 합성되지 않아 반드시 음식물로 섭취해야 한다.

| 필수 아미노산과 비필수 아미노산 |

필수 아미노산	비필수 아미노산
아르기닌(arginine) 이소루이신(isoleucine) 리신(lysine) 페닐알라닌(phenylalanine) 트립토판(tryptophan) 히스티딘(histidine) 루이신(leucine) 시스틴(cystine) 메티오닌(methionine) 트레오닌(threonine) 발린(valine)	알라닌(alanine) 아스파라긴산(asparaginic acid) 시스테인(cysteine) 글루타민산(glutamic acid) 프롤린(proline) 아스파라긴(asparagine) 글루타민(glutamine) 글리신(glycine) 티로신(tyrosine)

(3) 단백질의 종류

대체로 닭고기, 소고기와 같은 동물성 단백질은 단백질의 양이 많으며 필수아미노산이 풍부한 질이 좋은 완전 단백질이 들어 있고 생선, 달걀, 치즈, 우유에도 완전 단백질이 많이 함유되어 있다. 일상적으로 섭취하는 단백질은 식물성과 동물성으로 분류된다.

① 식물성 단백질

　곡류 단백질, 두류 단백질

　검정콩, 완두콩, 강낭콩, 호두, 밤 등의 견과류, 두부 두유

② 동물성 단백질

　육류 단백질, 달걀 단백질, 우유 단백질

　소고기, 돼지고기, 닭고기, 어패류, 달걀, 우유, 치즈, 요구르트

(4) 피부와 모발의 단백질과의 연관성

① 피부와 단백질의 구성 관계

골격을 제외한 거의 모든 조직세포는 단백질로 이루어져 있으며 근육, 내장 기관, 간, 피부뿐 아니라 모발이나 손톱, 발톱 등 모든 생체 기능에 관여하는 필수영양소이다. 신체 조직은 끊임없이 교체되므로 낡은 세포가 손실되면 새로운 세포를 만들기 위하여 단백질을 보충하지 않으면 안 된다.

② 모발과 관련된 단백질

모발을 형성하고 있는 물질은 keratin 단백질로서 18종의 아미노산으로 구성되어 있고, 특히 cystine이라고 하는 아미노산을 많이 포함하고 있는 것이 특징이다. 모발에 영양을 주기 위해서는 여러 종류의 아미노산을 포함한 단백질(대두, 멸치, 우유, 육류, 달걀 등)을 균형 있게 섭취하는 것이 중요하다. 피부의 각질, 털, 손톱, 발톱의 주성분인 '황(S)'을 포함한 아미노산은 동물성 단백질에서 많이 섭취된다. 따라서 하루에 섭취되는 단백질 중에서 2/3는 동물성 단백질을 섭취하도록 하여야 한다.

4) 모발 성장에 미치는 생활 요인

아름다운 모발을 유지하는 것은 중요하다. 나이와 상관없이 모발이 가늘어지고

빠지는 탈모화 현상, 그리고 남성들에게만 일어난다고 생각한 탈모증 등이 20대 여성들에게도 빈번히 나타나고 있기 때문이다. 이렇게 모발의 성장주기에 영향을 미치는 요인들은 다음과 같다.

(1) 식생활의 변화

경제가 발전하고 서구 문화가 유입됨에 따라 우리나라의 식생활에도 커다란 변화가 일어났다. 즉 서구화된 식생활로 육류의 소비가 늘어나면서 고단백, 고칼로리의 동물성 지방이나 단백질의 지나친 섭취로 인해 성인병이 증가하고, 또한 혈액순환이 나빠져서 영양분의 공급이 모유두까지 전달되지 못하기 때문에 영양분을 전달받지 못하여 모발이 가늘어지고 탈모가 일어나기도 한다. 바쁜 현대인들이 편리하게 식사하기 위하여 섭취하는 인스턴트식품에 첨가된 인체에 유해한 성분이 체내에 흡수, 축적되어 내장의 세포 변형에 악영향을 끼치며 모발에까지 영향을 미친다.

(2) 다이어트

현대의 대부분의 여성들은 다이어트에 깊은 관심을 가지고 있다. 그러나 근래에 와서 지나친 다이어트나 그릇된 다이어트 방법으로 인해 건강을 해치는 사례가 늘고 있으며, 모발도 윤기를 잃거나 탈모, 질병, 약의 복용 등으로 인한 소화 흡수 장애로 영양 부족을 일으켜 모발 성장과 건강에 영향을 미치기도 한다.

(3) 수면 부족

수면 습관이 좋지 못하거나 생활 리듬이 불규칙한 경우 현대인들에게 나타나는 빈모, 탈모의 원인으로 수면 부족을 들 수 있다. 밤 12시에서 새벽 3시까지는 하루 중 가장 편히 쉴 수 있는 상태가 된다. 이러한 체내 시계를 무시한 생활 방식을 계속함으로써 피의 흐름과 산소, 영양 공급이 제대로 되지 않아 탈모, 빈모가 일어난다.

(4) 모유두의 기능 정지 또는 퇴화

여러 가지 외부 요인으로 인해 모유두에 화상, 염증, 외상 등의 상처를 입었거나 퍼머넌트, 염색, 탈색, 스타일링 등의 각종 미용 시술 시 제품의 화학 성분에 의해 모유두가 손상을 입거나 머리를 묶거나 하는 강한 물리적인 자극에 의해 모유두와의 맞물림이 약해졌을 때 모발 성장이 어렵게 되기도 한다.

(5) 스트레스

과도한 스트레스를 받으면 머리와 목의 근육이 수축해 머리에 혈액순환이 원활하지 못하고 두통이 생기기도 한다. 스트레스는 호르몬 등의 분비를 관장하는 자율신경계는 교감신경과 부교감신경이 균형을 유지하면서 역할을 하는데 교감신경의 균형이 깨지게 되면 피지가 과잉 분비되어 모발의 영양 공급에 영향을 주어서 모발 성장에 장애를 초래한다. 또한, 호르몬의 대사에 이상이 생겼을 때 모발의 발생과 성장 및 탈모에 영향을 준다.

(6) 화학약제의 사용

현대의 많은 여성은 아름다움을 위하여 자신의 모발에 많은 변화를 추구한다. 따라서 염색이나 탈색, 퍼머넌트, 매직 등을 하므로 화학 약제에 의한 모발 손상을 입고 있다. 이러한 영향으로 간충물질 유실로 인해 건성 모발이 되기 쉬우며 지모가 증가하여 손상된다.

5) 모발과 식품과의 관계

인체에 존재하고 있는 모든 털은 혈관을 통하여 생성에 필요한 영양분을 공급받으며, 혈관의 영양분들은 음식물을 통하여 얻어진다. 그러나 혈액의 불안정한 혈액순환이 모두 탈모로 이어지는 것은 아니며, 탈모 현상을 가속화시킬 수 있다. 모발은 하루에 평균 0.2~0.3mm씩 자라나므로 모발관리를 매일 꾸준하게 하면서 모발의 성장을 돕는 식품을 충분히 섭취할 때 아름다운 모발을 가질 수 있다. 모발에 좋은 음식 역시 자연식의 균형 잡힌 음식이며, 인스턴트식품이나 기름진 음식 등은 두피와 모발의 성장에 저해 요인으로 작용한다. 즉 염분, 지방분, 당분을 제한하면서 우유, 달걀, 소간 등 고단백질 음식과 오이, 해조류처럼 비타민과 무기질을 많이 함유한 음식을 섭취하는 데 있어 섭취 방법 및 소화기관의 건강 상태 등이 우선시되어야 하며, 무엇보다도 균형 잡힌 식습관이 매우 중요하다. 또한, 적당한 물의 섭취는 인체 노폐물의 체외 배설과 함께 혈액과 조직액의 인체 순환을 도와 신진대사 기능을 촉진시켜 준다.

(1) 모발 성장에 좋은 음식

모발에 대해서 신진대사 기능 및 성장에 관련이 있는 갑상선 호르몬의 생성을 도와주는 주된 영양인은 요오드 성분으로 인해 모발의 건조화 현상을 막고 윤기를 부여한다. 체내에 대한 해조류의 작용은 부족하기 쉬운 칼슘의 섭취로 균형 있는 영양분의 섭취에 도움을 준다. 모발의 건강에 도움을 주는 음식에는 검은콩, 검정 찹쌀, 검은깨, 두부 등과 같은 식물성 단백질이며 녹황색 채소, 미역, 다시마, 김 등의 해조류가 있다.

(2) 모발 성장에 나쁜 음식

동물성 지방이 많은 기름진 음식의 섭취는 혈관 이상을 가져와 혈액순환 장애를 유발하며, 피지선의 비대 및 그에 따른 피지량의 증가로 인해 모공을 막아 균을 번식시키고 피지의 작용에 의한 지루성 탈모 및 지루성 피부염을 유발한다. 또한, 식품에 다량 함유되어 있는 각종 첨가 색소 및 첨가제, 그리고 불포화 지방산 등은 다양한 성인병의 유발 및 질병을 가져올 수 있는 원인으로 작용할 수 있다. 단 음식의 섭취는 인슐린 호르몬 분비를 높여 남성호르몬의 수치를 증가시키며, 혈중포도당의 축적으로 인한 세포 내 영양분 공급을 저해한다. 짜고 매운 자극적인 음식은 두피 자극 및 소화기 계통의 자극으로 인하여 신진대사 기능의 둔화 등이 나타날 수 있으며, 그로 인하여 두피 문제점을 유발할 수 있다. 또한, 인스턴트식품의 섭취는 대부분이 영양분 균형을 잃은 어느 한쪽으로 치우친 편식 스타일이 영양분 섭취가 많다. 또한, 커피, 담배, 술 등은 신진대사 기능 이상과 함께 모발의 이상 현상을 가져온다.

6) 비타민

(1) 비타민의 기능

비타민은 건강 유지와 성장을 촉진시키기 위하여, 체내에서 영양소들이 제대로 이용될 수 있게 조효소의 역할을 수행하는 영양소로서, 신체 조직의 성장과 회복 및 정상적인 생리작용을 돕는 필수적인 물질이다. 비타민은 에너지 급원이 되거나 신체 조직을 구성하지는 않으나 동물 체내에서는 합성되지 않고 외부에서 섭취해야 한다. 비타민(vitamin)은 피부의 기능상 중요한 것으로 특히 미용상 피부를 건강하게 유지하는 데 없어서는 안 되는 것이다.

- **체내에서 비타민의 작용**

  ① 성장을 촉진시키며 생리대사에 보조 역할을 담당한다.
  ② 질병 예방 및 치료 능력을 증진시킨다.
  ③ 소화기관의 정상적인 작용을 도모하며 무기질의 미용을 돕는다.
  ④ 에너지를 생산하는 영양소의 대사를 촉진시킨다.
  ⑤ 신경의 안정을 도우며, 질병에 대한 저항력을 증진시킨다.

(2) 비타민의 종류

비타민에는 물에 녹는 성질을 가진 수용성 비타민과 지방에 녹을 수 있는 지용성 비타민으로 크게 나뉜다. 수용성 비타민에는 비타민 B복합체(B1, B2, 니아신, B6, B12, 엽산, 판토텐산) 및 비타민 C 등이 있다. 지용성 비타민에는 비타민 A, D, E, K, F, U 등이 있다.

① 수용성 비타민

수용성 비타민은 물에 잘 녹으며 과잉으로 섭취되더라도 몸에 축적되지 않고 쉽게 배설되고, 체내에 저장되지 않으므로 항상 필요량을 식사로부터 계속해서 섭취하여야 한다. 수용성 비타민으로서는 비타민 C와 비타민 B군(vitamin B complex)이 대표적이다. 이들은 대개 체내의 효소 반응에 관여하며 여러 가지 효소의 비타민이 결핍되면 다른 것이 이용되지 못한다. 수용성 비타민은 체내에 저장되지 않으므로 항상 필요량을 음식에 의하여 공급받아야 한다.

② 지용성 비타민

지용성 비타민은 소화, 흡수, 운반과 저장 등 모든 과정이 지질에 의존하여 이루어 진다. 지용성 비타민은 액체 상태로 체내에 저장되어 있기 때문에 지나치게 많은 양을 섭취하면 부작용을 일으킬 가능성이 있다. 지용성 비타민은 지질에 용해되는 것으로 비타민 A, D, E 및 K는 지방과 함께 체내로 소화, 흡수 및 운반되어 간이나 지방조직에 저장된다. 그러므로 지방의 섭취가 부족하면 지용성 비타민의 흡수도 방해를 받으므로 주의해야 한다.

(3) 모발과 비타민류

모발관리를 위해서는 단백질뿐만 아니라 비타민과 미네랄 등도 필요하다. 비타민은 피부를 건강하게 하고, 비듬과 탈모를 방지하기 때문에 모발 건강에는 특히 비타민 A, D가 필요하다. 비타민은 단백질, 지질, 탄수화물과 같은 영양소와 함께 체내에서 필요한 것으로 비교적 미량으로 동물의 영양을 지배하고, 부족하면 결핍증을 일으키는 유기 화합물(organic compound)이다. 비타민은 효소로서의 역할과 동물의 정상 성장 및 신체 유지, 생식 등에 필요로 하며, 비타민 자체만으로는 에너지를 발생하거나 세포를 구성하는 물질이 아니다. 또한, 비타민은 식품 속에 미량 함유되어 있으며 신체 내에서 합성되지 않으므로 외부로부터 공급해야 한다. 비타민은 피부를 건강하게 하고, 비듬과 탈모를 방지하기 때문에 모발의 건강에는 특히 비타민 A, D가 필요하다. 이러한 현상은 모발 및 두피에도 동시에 나타나기 때문에 두피, 모발관리에 있어 시술 전 고객의 건강 상태 체크 시에 필요한 부분이다.

① 비타민 A : 머리카락의 주성분인 케라틴의 형성을 돕는다. 지용성 비타민인 비타민 A는 두피의 각질화와 관련이 있는 비타민으로 부족 시 피지분비가 감소하고 땀샘의 기능이 떨어져 각질층이 두꺼워지며, 피부의 유분 부족으로 두피 건성화가 나타난다. 피부의 윤기가 없어지고, 모발이 건성으로 변하며, 부서지거나 빠지기 쉽게 되며, 심각한 경우에는 모공 주변이 각화되는 모공각화증이 발생되며, 과다할 경우 탈모 현상이 발생하며, 야맹증이 나타난다. 비타민 A는 모발이 건조해지고 부스러지는 것을 방지하여 주는 역할을 하므로 cream에 배합하여 건조성 두피나 비듬이 많은 고객에게 적당량을 사용한다. 모발의 건조를 방지하기 위하여 부추, 호박, 풋고추, 당근, 동물의 간, 치즈, 우유 등을 충분히 섭취하여야 한다.

② 비타민 B : 수용성 비타민으로 피지 분비 및 피부염 등 피부에 중요한 작용을 하여 매우 깊은 관계가 있다. 특히 비타민 B6가 부족하면 피지의 과다 분비로 인해 지루성 두피와 지루성 탈모 현상 등을 유발한다. 부족하면 두피 건조증으로 인한 비듬을 발생한다. 이러한 원인 때문에 육모제 및 지성 두피

용 관리 제품에는 대부분이 비타민 B6가 Tonic 성분에 혼합되어 치료제 및 관리제로 사용되고 있다. 또한, 단백질 대사 및 아미노산 대사에 있어 절대적으로 필요한 비타민이기 때문에 모발에 있어서 매우 중요한 비타민류이다.

③ 비타민 B1: 두피에 열이 생겨 각질층이 헐면 비듬이 생기므로 이를 예방하기 위해서는 밀의 배아, 효모, 돼지고기, 마른새우, 콩, 샐러리, 표고버섯, 현미 등을 충분하게 섭취하여야 한다.

④ 비타민 B2: 미용 비타민이라고도 하며 부족하게 되면 피부, 모발의 신진대사가 나빠진다. 간, 효모, 우유, 달걀, 육류, 채소에 함유되어 있으며 대표적인 식품은 우유이다.

⑤ 비타민 C: 수용성 비타민은 미용과 관련하여 피부의 미백작용 및 노화 현상, 항산화작용과 관련이 깊은 비타민이다. 부족 시 괴혈병 및 모발의 성장에도 영향을 주며 염증 억제, 면역력 강화 관여하는 특징이 있다. 비타민 C는 스트레스를 예방하는 비타민으로 스트레스로 인한 백모 현상을 억제하며, 정신적인 쇼크와 스트레스는 모발을 희게 만드는 원인이 되므로 흰머리를 예방하기 위해서는 신선한 채소나 과일을 충분하게 섭취해야 한다. 비타민 C는 식품 가공 및 조리 시에 쉽게 산화되고 파괴되므로 주의하여야 한다.

⑥ 비타민 D: 지용성 비타민으로 피지의 프로비타민 D와 자외선 조사에 의해 생성되는 비타민이다. 칼슘의 장내 흡수를 도와주는 작용을 하며, 부족 시 골다공증의 유발 확률을 높인다. 모발에 있어서는 모발 재생과 관련이 많다. 탈모 후 손상된 머리카락을 재생시키는데 효과가 있으며 두피의 혈액순환을 도와 모발을 윤택하게 한다. 따라서 비타민과 미네랄을 포함한 파슬리(parsley), 소송엽,딸기, 시금치 등의 채소류도 많이 섭취할 필요가 있다.

⑦ 비타민 E: 지용성 비타민으로 말초혈관의 확장과 관련이 있어 육모제 성분으로 주로 사용되며, 이는 육모 효과에 대하여 기본인 혈액순환에 맞추어졌

다고 볼 수 있다. 또한, 항산화 작용이 뛰어나 제품의 유지 및 생체 내의 항산화 작용을 하고 있어 두피 건강에 매우 중요한 비타민이다. 노화를 방지하는 비타민으로 머리 말초혈관의 활동을 촉진해 혈액순환을 도와 간접적인 모발 성장에 관여한다. 식물성 기름, 녹황색 채소, 난황, 간유에 많다.

7) 무기질

(1) 무기질의 기능

무기질은 적은 양을 필요로 하지만 인체를 정상적으로 구성하고 체내의 대사작용을 원활히 하는 중요한 영양소이다. 균형 잡힌 식생활이란 인체가 요구하는 모든 영양소가 들어 있는 각 식품군 간의 균형을 이루며 다양한 선택으로 적당량의 음식을 섭취하여야 한다.

모든 영양소를 완전하게 포함하는 식품은 없으므로 어느 한 식품군에만 편중하여 섭취하지 말고 육류, 곡류, 채소 및 과일류, 유제품 등을 균형 있게 섭취하는 습관은 평소에 길러야 한다. 무기질은 칼슘(Ca), 칼륨(K), 나트륨(Na), 마그네슘(Mg), 아연 (Zn), 망간(Mn), 철(Fe), 요오드(I), 요소(Cl) 등을 비롯한 20여 가지가 있으며, 그중 특히 모발의 영양과 관계가 깊은 무기질로는 요오드(I), 철(Fe), 칼슘(Ca), 그리고 아연(Zn)이 있다. 무기질은 혈액의 삼투압과 관계가 깊으며, 피부의 수분량을 일정하게 유지하는 데 필요하다. 인체 내에서 여러 가지 생리적 활동에 참여하고 있다. 미량으로 충분하지만 없어서는 안 되며 따라서 이들 무기 염류의 섭취가 부족하면 각종 결핍증을 유발한다. 예를 들어 칼슘은 뼈의 구성 성분이며 근육운동에 관여하기 때문에 또 나트륨은 우리 몸의 삼투압이나 pH를 조절하는 성분으로 부족하면 신경에 이상이 생기고, 망간은 효소의 기능을 도와주는 역할을 하는 무기염류로서 부족할 경우 불임을 초래하기도 한다. 헤모글로빈의 성분인 철이나 적혈구를 만드는데 필요한 구리, 코발트 등의 섭취가 부족하면 빈혈이 생길 수 있다.

(2) 무기질의 분류

모발에는 미역과 다시마 등 해조류가 좋은 것으로 알려져 있다. 모발의 영양과 관계가 깊은 해조류 속에 풍부한 요오드(I), 철(Fe), 칼슘(Ca) 등은 두피의 신진 대사를 원활하게 하는 효과가 있으며, 특히 요오드는 갑상선 호르몬의 분비를 촉진시켜 모발의 성장을 도와준다. 미네랄 요오드, 비타민 등의 영양소가 풍부하게 함유된 해조류는 모발의 성장뿐만 아니라 모발의 원료를 전달하는데 필수적인 혈액순환에 도움을 준다.

| 모발에 영향을 미치는 무기질 |

무기질	작용	권장식품
요오드(I) 철(Fe) 칼슘(Ca)	두피의 신진대사 작용을 촉진하여 모발의 성장에 도움을 준다.	해조류, 어패류, 양파, 소고기, 새우, 달걀노른자, 감, 당밀, 우유, 생선, 굴, 조개, 해조류
아연(An)	흰머리 예방 및 모발의 생장을 촉진한다.	간, 시금치, 콩류, 낙화생

| 모발에 영향을 미치는 비타민 |

무기질	작용	권장식품
비타민 A (레티놀)	모발의 건조를 막는다. 부족하면 모공각화증을 유발하여 탈모가 촉진된다.	장어, 당근, 달걀노른자, 우유, 소간, 돼지간, 달걀노른자, 시금치, 호박, 버터, 마아가린
비타민 B (티아민)	비듬을 방지한다. 부족하면 두피 건조증으로 인한 비듬을 발생한다.	돼지고기, 콩류, 참깨, 현미, 마늘, 소간, 돼지간
비타민 C (아스코로브산)	비듬을 방지한다. 부족하면 두피 건조증으로 인한 비듬을 발생한다.	돼지고기, 콩류, 참깨, 현미, 마늘, 소간, 돼지간

비타민 D (칼시페롤)	탈모 후 모발의 재생에 탁월한 효과가 있다. 두피의 혈액순환을 도와 모발을 윤택하게 한다.	돼지고기, 콩류, 참깨, 현미, 마늘, 소간, 돼지간
비타민 E (토코페롤)	간접적인 모발 성장에 관여한다.	땅콩, 치즈, 시금치, 콩류, 참깨, 당근, 간
비타민 E (토코페롤)	부족하면 두피가 건조하고 모발이 손상이 쉽다.	돼지 간, 장어, 현미, 녹황색 채소, 삼자, 참깨

① 유황: 모발을 구성하는 주성분으로 유황(S)을 함유하는 단백질의 섭취량이 부족하면, 모발의 노화가 빨리 오므로 두발의 노화를 예방하기 위하여 콩, 닭고기, 소고기, 생선, 달걀, 우유 등을 충분하게 섭취하여야 한다.

② 아연: 모발을 튼튼하게 하여 모발의 생장을 촉진하고 윤기나게 만들어 주고 특히 흰머리 예방에 도움이 되므로 소고기, 생선, 간, 조개, 시금치, 해바라기 씨 등을 충분하게 섭취하여야 한다. 아연이 결핍되면 모발 및 손톱 성장의 둔화를 초래한다.

③ 요오드: 모발의 발모를 원활하게 해주는 역할을 하므로 발모를 위하여 해조류 특히, 다시마 등을 충분하게 섭취하여야 한다. 갑상선 호르몬의 분비를 촉진시켜 모발의 성장을 도와주고 있다.

8) 물

수분의 중요한 역할은 물질을 용해시켜 화학적 반응의 장으로 만들어 영양소의 흡수, 운반, 노폐물의 배설과 체온 조절 기능이다. 체온은 열 생산과 열 발산의 평형에 의해 일정하게 유지된다. 수분은 체온을 조절하는 데 크게 관여하고 있다. 공기와 더불어 생물이 살아가는 데 없어서는 안 될 중요한 물질이다.

9) 섬유소

섬유소는 물과 친하면 수용성 섬유소, 친하지 않으면 비수용성 섬유소라고 한다.

(1) 수용성 섬유소

식품 속에 존재하는 섬유소의 본래 성질은 우리 몸에 섬유소를 소화시킬 만한 소화 효소가 없기 때문에 불소화성이지만, 모든 식이성 섬유소가 완전히 소화되지 않고 그대로 배설되는 것은 아니다. 섬유소 중 수용성 섬유소는 장내에서 미생물에 의해 소화될 수 있으며, 또한 발효가 되는 경우도 있어 이 과정이 제대로 일어난다면 약 섬유소 1g당 3kcal의 열량을 낸다. 또한, 물과 결합해 겔을 형성해서 장 내부에서 당이나 콜레스테롤의 흡수를 억제하는 기능이 있다. 물을 흡수하여 젤리 상태로 되어 위를 팽창시켜 포만감을 느끼게 하고 음식물의 흡수를 지연시킨다. 혈장의 콜레스테롤 수치도 낮추어 주는 역할을 한다. 귀리, 보리, 완두, 감자, 사과, 오렌지, 포도, 딸기, 다시마, 미역 등에 많이 들어 있다.

(2) 불용성 섬유소

불용성 섬유소는 스펀지 형태로 거친 질감으로 장 내부를 자극시켜 장의 운동을 촉진시켜 배변 활동을 빠르게 하며 통밀, 옥수수, 땅콩껍데기, 곡류의 겨층, 과일 껍질, 근대, 아욱, 무, 고사리 등에 많이 들어 있다.

모발과 호르몬의 관계

1. 모발과 관련된 호르몬

인체의 다양한 종류의 호르몬은 크게 펩티드호르몬, 아민호르몬, 스테로이드호르몬으로 구분되며, 사람의 몸 안의 기관에서는 다양한 호르몬이 분비되고 있으며 그 호르몬들은 효소처럼 고유의 기능으로, 인체에 대해 서로 상호보완적으로 작용하는 것으로 인체 대사 과정에 중요한 작용을 한다. 사람 몸 안에서 생성되는 각 호르몬은 양은 많진 않으나 어떤 한 가지의 호르몬이라도 부족하거나 과다하게 되면 대사 과정에 이상이 생겨 건강을 유지하기 어렵고 심한 경우에는 생명까지 위협을 받을 수 있다. 호르몬은 극미량으로서 체내에 대사 과정을 조절하며 양이 부족하거나 많으면 신체 대사에 장해를 주는 질병을 가져온다. 호르몬은 종류에 따라서 다른 호르몬의 작용을 돕기도 하고 억제하기도 하는 등 서로 상호 관련성이 깊다. 호르몬은 모발의 성장 및 탈모와 관련이 깊은 것으로 특정 호르몬의 과다 분비 및 분비 이상은 두피 트러블 및 모발 성장의 이상 등의 현상으로 나타날 수 있다. 모발에 대한 호르몬들의 작용은 서로 관련성을 가짐으로써 몸 전체의 기능이 원활하게 하며, 모발 전체의 기능도 원활하게 유지되는 것이다.

1) 뇌하수체 호르몬

뇌하수체는 인체에 흐르는 호르몬의 분비를 조율하는 호르몬으로 다른 내분비계의 호르몬을 정상화시킴으로써 다른 내분비계의 호르몬이 모발에 미치는 기능과 마찬가지로 모발 성장에 간접적으로 관여를 한다. 뇌하수체 전엽, 중엽, 후엽으로 나누어진다. 뇌하수체에서 분비되는 호르몬 중에서 모발에 영향을 미치는 것은 뇌하수체 전엽에서 분비되는 호르몬으로 뇌하수체 기능 감소증이 있을 때 모발 성장이 감소되기도 하며, 뇌하수체의 이상이 있으면 탈모가 일어나기도 한다. 뇌하수체 전엽호르몬은 성장호르몬(GH), 갑상선자극호르몬(TSH), 부신피질자극호르몬(ACTH), 성선을 자극하는 호르몬 등이 내분비계를 자극하여 호르몬의 분비를 조절하는 중요한 기능을 한다.

2) 갑상선호르몬

갑상선호르몬은 모발의 발생, 생육에 필요한 호르몬이다. 따라서 갑상선의 기능 저하는 성장기의 개시를 늦추기 때문에 모발의 탈모와 연결된다. 측두부의 탈모는 갑상선호르몬의 영향으로 뇌하수체 전엽에서 분비되는 갑상선 자극호르몬의 작용으로 이루어진다. 갑상선 생성과 조절은 뇌하수체 전엽에서 분비되는 갑상선자극호르몬의 작용으로 이루어지며 갑상선은 목 부위에 있으며 갑상선호르몬의 주요 기능은 사람의 몸을 이루는 세포의 신진대사를 촉진시키는 것이다. 모발의 비정상적인 발육과 동시에 관리에 있어서도 효과적인 면이 매우 힘든 것으로 주로 눈썹산의 바깥쪽인 두상의 측두부 에서 많이 작용한다. 이러한 현상은 모발 및 두피의 문제가 쉽게 발생하지 않는 부위인 두상의 측두부에서 발생하므로 문제 부위가 생성되었을 때는 관리에 있어서도 상당한 노력과 시간이 뒤따라야 한다. 모발의 발육에 관계하는 갑상선호르몬 기능이 쇠퇴해지면 모발은 유연하며 가늘어지고 퇴화된다. 갑상선은 티록신이라는 호르몬을 분비하여 부신을 자극하고, 부신호르몬인 코티솔을 분비시키며 모낭 활동을 촉진해 휴지기에서 성장기로 전환을 유도한다. 즉 모발의 길이를 증가시키고 전신의 털 모두 성장 촉진 효과가 있다. 갑상선 제거술을 받으면 모발 성장 속도가 다소 느려지고 모발의 직경이 다소 줄어들며 몸의 털과 모발의 성장 억제 효과가 있다. 갑상선호르몬은 뇌하수체 전엽에서 분비되는 갑상선 자극호르몬에 조절되는데 갑상선호르몬 분비가 촉진되면 모발의 생장이 좋아지지만 과잉 분비되면 바세도우씨(basedow's)병이 유발되고 티록신이 결핍되면 크레아틴(creatine)병이 생긴다. 갑장선 기능 저하증 환자에서 겨드랑이 털과 음모가 적어지는 경향이 많다. 갑상선호르몬의 생리작용의 기전은 비만, 탈모, 손톱 발육, 불안 방지, 피부 윤기 등을 촉진시키며, 갑상선호르몬을 생성하는 영양소는 요오드(I)로서, 요오드가 많이 함유되어 있는 해조류를 섭취하는 것도 모발의 건강에 도움이 된다.

바세도우씨 병 (basedow's)	갑상선이 전체적으로 고르게 부어서 호르몬이 대량으로 분비되기 때문에 일어나는 질환으로 남녀의 발생 비율은 1:4 정도로 여성이 많고 20~30대가 많다. 갑상선호르몬의 분비가 지나치게 과다할 경우 바세도우씨병(Basedow's disease)을 유발하게 되어 머리 전체에서 탈모증이 일어나며 빠지는 머리는 성장기 모보다는 휴지기 모로 성장기 모가 성장하기 힘들다.
크레아틴병 (creatine)	선천성 갑상선 발육 부전으로 발병하는 갑상선 기능 저하증으로 신체의 발육이 어지며 기 대사가 떨어져 피부가 건조해진다. 갑상선 기능 저하증은 갑상선에 티록신 분비도 줄어들어 크레아틴병을 유발하며 무력감이나 기능이 저하에 따라 머리 전체에 탈모를 일으킨다. 갑상선 기능 저하로 인한 모발의 연모화나 탈모는 측두부에 집중되어 나타난다.

3) 부신피질호르몬

신장 윗부분에 존재하고 있는 부신 부위에서 분비되는 호르몬으로 수분의 균형 유지 및 당분의 대사, 면역에 관여한다. 부신은 바깥쪽을 피질, 안쪽을 수질이라 하며, 성호르몬과 같은 작용을 하는 호르몬을 분비한다. 당질 코르티코이드(glucocorticoids), 염류 코르티코이드(mineralocoricoids), 부신성 안드로겐(adrenal androgen) 등 3종류의 호르몬이 분비되고 있으며, 수분의 균형 유지 및 당분의 대사, 면역에 관여한다. 여성의 경우 부신피질의 기능이 정상일 경우에는 아무 부작용이 없으나 부신피질의 기능이 비정상적으로 촉진되어 안드로겐의 분비가 과다하게 되면 여성의 경우, 모발의 탈모증이나 음모와 체모가 증가하며 여성의 얼굴에서 작게나마 수염이 나거나 체모가 짙어지는 경향은 부신피질의 기능의 항진에 의한 것으로 볼 수 있다. 부신피질호르몬에서 분비되는 코타솔은 원형 탈모, 건선 피부염을 유발되기도 한다. 부신피질에서 소량의 남성호르몬이 만들어지기도 하여 여성의 경우 과다 분비로 남성화와 다모증이 나타나기도 한다.

4) 성호르몬

사춘기가 되면 남녀의 몸 안에서는 남성호르몬(안드로겐)과 여성호르몬(에스트로겐)이 분비된다. 이들 호르몬이 피부에 미치는 영향은 각기 다르다. 안드로겐은 표피를 두텁게 하며 특히 각질층을 두껍게 한다. 이외에도 피지선을 발달시켜 과다한 분비로 피부를 번들거리게 한다. 남성호르몬은 고환과 부신피질에서 만들어지며 남성호르몬의 경우는 탈모증에서 가장 중요한 호르몬으로 과잉 분비 시 탈모가 진행되며 대표적인 남성호르몬으로는 안드로겐(androgen)과 테스토스테론(testosterone)이 있다. 골격이 커지면서 남자다운 외모가 형성되고 남자의 제2차 성징 등이 나타난다. 일반적으로 남성의 고환에서 만들어지는 남성호르몬은 수염이나 흉모에 관계되고, 부신피질에서 만들어지는 남성호르몬은 팔의 털, 음모, 성모 등에 관계된다. 턱수염과 코밑수염의 성장은 촉진시키지만 이마와 정수리 부위의 털에 대해서는 성장을 억제한다. 지나친 남성호르몬의 분비 촉진은 피지의 분비를 왕성하게 하여 지루성 탈모의 원인이 된다. 에스트로겐(estrogen)과 프로게스테론(progesteron)과 같은 여성호르몬 중 모발과 가장 관련 있는 호르몬은 에스트로겐이다. 에스트로겐은 각질층을 부드럽고 얇게 만들어주며 진피의 탄력 조직인 엘라스틴, 콜라겐, 피부 보습 인자인 히아루론산의 생성을 촉진시켜 여성 특유의 섬세하고 부드러운 피부로 만들어 준다. 에스트로겐은 난소에서 분비되는 여성호르몬으로 모낭의 활동 시작을 지연시키고 성장기 모발의 성장 속도를 늦추며 성장 기간을 연장시키는 동시에 남성호르몬인 테스토스테론과 반대로 모발 성장을 촉진시킨다. 성호르몬의 결핍으로 인한 증세는 모발이 거칠어지며 빠지기 쉽고 피부 노화가 촉진된다. 일반적으로 여성호르몬의 작용은 눈썹을 기준으로 하여 위쪽의 모발 생장을 촉진시키며, 눈썹 아래의 털에 대해서는 발육을 억제하는 효과가 있다. 따라서 여성호르몬 결핍 시 모발이 거칠어지며 빠지기 쉽고, 피부 노화가 촉진되는 현상이 나타난다. 안드로겐과 에스트로겐의 밸런스가 무너지면 체모가 나지 않거나 다모증이 되기 쉽다.

남성호르몬의 양	관련 부위 모발
고농도의 남성호르몬	전두부, 두정부, 수염, 가슴털, 코털
저농도의 남성호르몬	액와 부위 털
남성호르몬과 관련 없는 모발	후두부, 다리 털, 눈썹, 속눈썹

프로게스테론은 임신 기간 중 중요한 작용을 하는 호르몬으로, 모발 성장에 대한 직접적인 영향은 경미하며 머리털에 대해서는 성장 억제 효과가 있으나 몸의 털에 대해서는 성장 촉진 효과가 있다. 코티솔은 스테로이드 계통의 호르몬으로 부신에서 만들어지며 인체 내에서 스트레스를 받으면 분비되는 스트레스 호르몬이다. 코티솔은 모발의 휴지기에서 성장기로의 이행을 방해하며, 머리털과 몸의 털 모두 성장 억제 효과가 있다.

남성호르몬(testosterone)이 5 알파 리덕터스 효소에 의해서 DHT로 전환된다.

→ DHT 가 안드로겐 수용체(androgen Receptors)에 결합한다. → DHT가 탈모를 증가시키고 점점 모낭을 축소시킨다. → 축소된 모낭이 결국에는 쓸모없게 되어 영구적인 탈모가 일어나게 된다.

2. 탈모

탈모는 정상적으로 모발이 존재해야 할 부위에 모발이 없는 상태를 말한다. 탈모란 모발의 주기가 3~6년의 수명을 다하지 못하고 모발이 빠지는 현상을 말하며, 탈모에는 생리적으로 서서히 빠지는 자연 탈모 이외에 병적으로 빠지는 이상 탈모가 있다. 모발을 잡아당기면 저항 없이 쉽게 빠지는데, 이들 가운데는 퇴화기와 휴지기에 들어 있는 자연 탈모와 어떠한 원인으로 이상 탈모하는 것이 있다. 성장기에 있는 건강한 모발은 모근 부분이 크고, 하부에 하얀 부착물이 붙어 있는 곤봉 모양이지만 이상 탈모의 모구는 곤봉상이 아니라 위축되거나 변형되어 있어 판별이 가능하다. 탈모의 경향도 내부적 요인과 외부적 요인으로 나눌 수 있다. 외부적 요인으로는 지나치게 압력을 가하는 경우, 외부에 의한 상처로 인한 경우, 장기간의 모자 착용, 비위생적인 두피 관리, 외부 환경, 부적절한 모발 제품 사용으로 인한 경우 등이 있다. 내부적인 요인은 질병, 장티푸스, 간염, 전염병 질환, 호르몬의 유전적 요인, 과도한 스트레스, 영양장애, 신경성 질병 등으로 인하여 모발의 생리적 주기가 변하여 탈모증이 유발된다.

1) 탈모가 생기는 조건

(1) 자연 탈모

사람의 두발은 약 10~12만 본 정도이다. 모발이 전부 교체 시기가 같다면 짐승과 같이 한꺼번에 빠지겠지만 사람의 경우에는 각각 모발주기가 다르다. 따라서 한쪽에서 빠지기 시작하면 다른 쪽에서는 새로 생겨난다. 그래서 전체적으로 비슷하게 모발 수를 유지할 수 있다. 이와 같이 자연스러운 생리 현상으로 정상적인 모발의 모주기 기간을 통해 탈락하는 모발을 자연 탈모라 한다. 1일 탈모 갯수는 40~100본 정도이다. 따라서 1일 100개 이하인 경우 일반적으로 자연 탈모의 범주 안에 속한다. 자연 탈모의 모발의 굵기는 기존의 모발 굵기와 거의 같으며 성장 기간도 기존 탈락 모와 비슷한 기간을 유지한다. 모발 각각의 헤어 사이클이 달라서 한 모공에서는 빠지고 또 다른 한 모공에서는 생겨나고 해서 전체적으로는 대동소이한 정도의 모발 수를 유지하고 있다. 인체의 비정상적인 현상 및 두피가 청결치 못하거나 외부적인 요인 등으로 인하여 모발의 성장주기가 짧아지거나 혹은 성장주기에 변화가 생겨 필요 이상으로 하루 탈모량이 많이 늘어나거나 모발이 가늘게 생성되는 현상과 더불어 모발의 색상이 점차 연한 갈색 톤으로 변화되는 등의 정신적 육체적 생리 이상이나 병적인 원인으로 탈락하는 모발을 말한다. 이상 탈모의 경우 하루 탈모량은 일반적으로 1일 탈모량은 약 120~200본 정도이다. 그러나 질병이나 원형 탈모 등으로 어느 날 갑자기 탈모량이 늘어나는 경우가 있다.

2) 탈모의 종류

탈모는 인체의 비정상적인 현상 및 두피가 청결치 못하거나 외부적인 요인으로 인하여 모발의 성장주기가 짧아질 때 나타난다. 성장주기에 변화가 생겨 필요 이상으로 하루 탈모량이 많이 늘어나거나 모발이 가늘게 생성되는 현상을 말한다. 탈모의 종류에는 선천적인 발육 장애, 모모세포의 파괴 소실, 모간의 파괴로 인한 외상이나 진균(두부백선) 등이 있다. 또한, 이중 모낭의 기능 이상이 원인인 경우는 성장기 탈모와 휴지기 탈모로 다시 구분된다. 성장기 탈모는 항암제 등의 약제, 방사선, 압박 등의 강한 자극이 모모세포에 가해졌을 때 발행하는데, 성장기는 중단되고 다수의 모발이 탈락된다. 또한, 휴지기 탈모는 모모세포의 상해가 가벼운 경우이며 모주기가 촉진되어 성장기 모발이 급속히 휴지기로 이행하여 탈모된다. 하루 탈모량은 일반적으로 약 100본 정도이다. 그러나 질병이나 원형 탈모 등으로 탈모량이 늘어나는 경우가 있다.

(1) 호르몬의 영향

남성의 호르몬인 테스토스테론이 5-알파 리덕타아제(5RD)라는 효소에 의하여 디하이드로 테스토스테론(DHT)으로 전환됨으로써 발생한다. 남성들의 두피에서 DHT의 수치가 높게 나타나며 DHT가 모낭세포의 단백 합성을 지연시켜 모낭의 생장기를 단축시키고 휴지기를 길게 하여 성장주기를 거듭할수록 모발의 크기가 점점 작아진다. DHT로 인해 위축된 모낭은 거의 눈에 띄지 않는 미세하고 무색의 가는 털을 생산한다. 탈모가 일어나는 부분에는 5-알파 리덕타아제 효소의 활성이 높다. 여성들은 남성들에 비해서 5-알파 리덕타아제 효소를 절반 정도 가지고 있는 반면에 아로마타아제라는 효소를 많이 가지고 있다. 아로마타아제는 특히 앞머리의 모발선 근처에 많이 분포하고 있다. 아로마타아제는 DHT의 생성을 억제하고 있어 여성들의 탈모 유형이 남성과 다르게 나타난다. 여성에서 노장층이나 폐경기에 여성호르몬인 에스트로겐의 감소가 모발의 성장에 영향을 미쳐 탈모를 촉진한다. 모발과 관계가 있는 것은 뇌하수체, 갑상선, 부신피질, 성선 등에서 분비되는 호르몬이다. 갑상선호르몬은 모발의 발육에 밀접한 관련이 있다. 갑상선 기능이 약화되면 모발은 유연하며 가늘어지고 퇴화한다. 거꾸로 갑상선의 기능이 촉진되면 발육이 양호하게 된다. 그러나 지나치게 촉진되면 탈모가 일어날 수도 있다. 사람의 체모는 남성호르몬과 관계되어 있지만 모발은 여성호르몬과 관계되어 있기 때문에 이것이 부족하면 세포의 작용이 약해진다. 남성호르몬인 안드로겐 수용체의 지나친 분비로 인해서 탈모가 발생한다.

① 남성호르몬 : 남성호르몬은 남자다움을 나타내고 제 기능을 촉진하는 호르몬이지만 모발에 대해서는 피지 분비를 촉진하므로 지루성으로 되기 쉽고 과잉 피지가 모근을 해쳐서 지루성 탈모의 원인이 된다.
② 여성호르몬 : 여성으로서 체모가 많아지거나 수염이 나는 것은 부신 피질의 기능 촉진에서 오는 것이라 볼 수 있다.

(2) 임신과 출산

임신을 하면 태아의 영양 공급을 위해 전신 쇠약한 증세가 나타나고 내분비호르몬의 변화가 생기는데 이 때문에 머리카락이 빠질 수 있다. 임신을 하면 보통 여성호르몬의 증가로 휴지기의 모발이 빠지지 않다가 출산을 하고 탈모가 생기는 것은 여성호르몬이 감소되면서 휴지기의 모발이 한꺼번에 빠져 탈모가 생겨나며 사람마다 차이가 있지만 탈모의 비율은 진체의 25~45% 정도 된다. 탈모는 보통 2~6개월가량 지속되다가 특별한 치료 없이 회복되기도 한다.

(3) 과도한 스트레스

정신적이나 육체적으로 스트레스가 쌓이면 자율신경 실조증을 초래하여 모발의 발육을 저해한다. 자율신경의 부조는 혈액의 순환에도 영향을 주어 두부의 혈행장애와 연결된다. 두부에 혈액이 잘 공급되지 않으면 피부나 모발에 영양이 충분히 보급되지 못해 탈모가 일어나게 된다. 보통 심한 스트레스를 받으면 2~4개월이 지나서 머리카락이 빠지기 시작하며 심한 경우는 하루에 120~400개 이상 빠지기도 한다. 신체적인 경우는 수술 혹은 마취, 심한 다이어트, 급성 신체적 증상(심한 출혈, 고열), 출산 등이 해당한다. 복잡한 현대는 과중한 업무 스트레스와 심리적 원인으로 탈모를 가중시키며, 후진국보다는 선진국이 탈모 수가 많고 젊은 사람들에게서도 많이 증가하는 추세이다.

(4) 유전적인 요인

안드로겐성 탈모증은 탈모 유전자를 가지고 있어야 발생한다. 사람의 염색체는 한 쌍의 성염색체(XX 또는 XY)와 22쌍의 상염색체로 구성되어 있는데 탈모를 일으키는 유전자는 상염색체성 유전을 하는 것으로 알려져 있다. 따라서 탈모 유전자는 부모 중 어느 쪽에서도 유전될 수 있다. 탈모 유전자는 우성 유전이므로 한 쌍의 유전자 중 한 개만 가지고 있어도 발현이 가능하다. 그러나 탈모의 유전 인자를 가지고 있다고 해서 모두 다 대머리가 되는 것은 아니다. 어떤 유전 인자를 가지고 있을 때 실제로 그것이 발생하는 것을 표현성이라고 하는데, 탈모가 실제로 발생하는 표현성은 호르몬과 나이, 그리고 스트레스 등의 요인과 관련이 깊다. 탈모증은 특히 남자인 경우 그 유전력이 매우 강하므로, 남성을 통해서는 우성으로, 여성을 통해서 열성으로 유전된다. 부모 중 한쪽만 탈모 된 경우라도 남성은 탈모 확률이 매우 높지만 여성은 양친 모두 유전자를 가지고 있는 경우 나타날 수 있지만 매우 희박하다. 여기서 중요한 것은 탈모증을 야기하는 체질 및 형태이지 그 자체가 아니라는 점이다. 그러므로 자기가 유전자를 가지고 있더라도 그 증상이 나타나지 않게 항상 두발의 컨디션에 주의하고 전문 관리를 통해 피부 세포 등을 활성화해 나가는 노력을 한다면 탈모증을 예방·개선할 수 있다.

(5) 지루성 피부염

비듬이 피지선에서 나오는 피지와 혼합되어 지루가 되며, 이것이 모공을 막아 모근의 영양장애와 위축작용을 일으킴으로써 탈모가 일어나게 된다. 남성호르몬은 모발을 가늘게 하고 피지선을 비대 시켜 피지의 분비를 증가시킨다. 그래서 대머리가 진행되는 사람은 비듬이 많이 생기며 하루만 머리를 감지 않아도 머리가 끈적거리게 된다. 지루성 비듬 등은 빨리 치료하지 않으면 모공을 막아 두피가 숨을 쉴 수 없게 되어 탈모뿐 아니라 염증이 수반될 때는 더욱 심해지고 피부병도 일으킬 수 있는 원인이 된다. 남성호르몬이 피지선을 비대 시켜 피지 분비를 증가시키고 비듬이 피지와 혼합되어 지루성이 되고 모공을 막으면 모근에 영양 공급이 어려워져 모근이 위축되고 머리카락이 가늘어지면서 탈모가 유발된다.

(6) 외부적인 요인

탈모 모발은 불용성 단백질로 구성되어 있어 특히 열과 알칼리에 약하다. 모발은 열에 쉽게 변화하기 때문에 마른 머리에 드라이를 장시간 사용하는 것은 좋지 않다. 화상, 염증, 외상 등의 상처를 입었거나 퍼머, 염색, 탈색, 스타일링 등의 모발 미용 시술 시 제품의 화학 성분에 의해 모유두가 손상을 입든지 머리를 계속해서 강하게 묶거나 물리적인 자극에 의해서 모유두와 낯물림이 약해졌을 때 모발의 생장이 어렵게 된다. 지방질 위주의 식사 습관이나 과도한 음주, 흡연 등으로 모근의 영양 공급을 억제하고 과다한 피지 분비로 세균 번식이 용이하게 되며, 잦은 퍼머넌트·염색·드라이 등 화학 약품과 공해는 두피를 오염시키고 모근을 위축시켜 탈모를 유발시킨다.

(7) 식생활

심한 다이어트를 함으로 인해 모발의 윤기를 잃는 경우, 비정상적인 식사 습관, 심한 편식, 매우 중한 질병에 걸려 독한 약을 복용함으로 인한 소화흡수 장애 등으로 영양 부족을 일으켜 모발의 생장과 건강에 영향을 주어 탈모의 진행을 촉진하는 요인이 된다. 심한 다이어트나 편식으로 인해 영양 상태가 부족하면 모발에 충분한 영양분을 제공하지 못하여 탈모가 된다. 또한, 술과 담배는 혈관을 수축시키고 모발에 지속적인 빈혈 상태를 제공하여 탈모가 된다.

(8) 기타 원인

- 모낭 조직 등의 신진대사기능 저하
- 두피 생리 기능의 저하
- 두피 긴장에 의한 국소 혈류 장애, 영양 부족, 약물에 의한 부작용
- 매독, 종양, 염증성 탈모
- 칠정상(스트레스), 습열, 어혈, 기혈 허약, 간신 부족

① 두피의 혈액순환 장애 : 우리 몸의 산소와 영양분의 통로이자 노폐물의 배출
로인 혈행이 좋지 못하면 모근의 에너지 대사가 원활하지 못하여 탈모를 가
속시키며, 두피의 압박에 의해 두피의 혈액순환이 나빠지고 공기 순환이 되
지 않아 모근에 영양을 충분히 공급하지 못하게 되어, 모발의 성장이 원활하
지 않아 탈모를 유발할 수 있다.

② 질병 : 뇌하수체 기능 저하 또는 갑상선 질환 등 호르몬의 이상이나 자가 면
역 질환에 의해 원형 탈모증을 유발하기도 한다.

③ 발열 : 내인성, 혹은 세균 감염, 갑상선 질환이나 약물 복용에 의한 발열은 모
근의 손상으로 탈모가 유발된다.

④ 빈혈 : 영양 결핍과 혈행장애 등과 마찬가지로 영양 공급의 역할을 하는 혈
액이 부족하면 탈모를 유발하며 특히 여성에게 많이 나타난다.

탈모 예방 및 관리
스트레스 해소를 위한 명상 등 정신적 건강 방법을 찾는다.
지나친 육체적 과로는 피한다.
단 것, 기름진 것, 주류와 커피를 자제한다.
두발 용품은 과다 사용하지 않는다.
샴푸할 때는 손가락 지문 부분으로 두피를 마사지한다.
린스를 할 때는 두피에 닿지 않게 머리카락에만 한다.
샴푸, 린스 후 깨끗하게 헹군다.
모근이 약해지므로 머리를 세게 묶거나 땋지 않는다.
머리로 가는 혈행 촉진을 돕기 위해 목이나 어깨의 경직을 자주 풀어 준다.

(9) 탈모의 전조 증상과 자각 증상

다음 증상이 나타나기 시작하면 탈모가 진행되고 있다고 봐야 하며 자각 증상을 느낀다면 반드시 머리를 매일 감아 두피를 청결히 해야 하며 두피 마사지나 음식을 가려 먹는 등 탈모의 진행을 막아야 한다. 또한, 두피관리는 예방 차원에서 전조 증상이 보이기 전부터 시작하는 것이 좋다.

① 전조 증상

머리카락이 가늘어진다.	팔, 다리, 가슴 등에 털이 많아진다.
모발에 윤기가 없다.	수염이 억세어진다.
두피가 자주 가렵다.	머리에 기름기가 많아진다.
방에 떨어진 머리카락이 많이 발견된다.	두피와 모발이 지저분해진다.

② 자각 증상

두피가 건조해진다.
두피가 가렵다.
두피에 피지와 노폐물이 증가한다.
빠지는 모발의 굵기가 비슷하지 않고 가는 모발이 점점 증가한다.
빠지는 모발의 양이 증가하고 줄어들지 않는다.
갑자기 비듬의 양이 많아진다.
유난히 정수리 부분의 머리카락이 많이 빠진다.

3) 한방에서 쓰이는 약재

(1) 하수오

하수오는 고구마와 비슷한 잎을 가진 덩굴식물로 그 뿌리가 약재로 쓰인다. 탈모 치료나 예방을 위한 약재로는 적하수오를 사용하며, 기와 혈의 순환과 조절 기능을 향상시키는 효과가 있어 빈혈로 인한 탈모나 출산 전후의 탈모에 좋다. 특히 흰머리를 검게 만드는 효능이 있어서 탈모와 백발 증상에 많이 쓰이는 약재이다. 하수오를 넣어 끓인 물을 하루에 한두 컵 정도 마시면 탈모 예방과 치료에 효과적이다.

(2) 숙지황

숙지황은 혈을 보하고 몸이 허약한 사람에게 특히 효과가 좋으며, 머리카락을 검게 만든다고 해서 탈모에 효능이 탁월한 약재이다. 혈의 손실로 인한 탈모에 좋은 효과를 발휘하는 지황은 자연 그대로의 것을 생지황, 말린 것을 건지황, 아홉 번 쪄서 햇볕에 말린 것을 숙지황이라고 한다. 여성의 경우 빈혈이나 변비가 탈모의 원인이 되는데, 이 경우 빈혈이나 변비가 개선되어 탈모증에 효과적이다. 숙지황은 위가 약할 경우 몸에 맞지 않을 수 있으니 며칠간 마셔본 후 소화 장애나 설사 등의 증세가 없을 경우에 계속해서 마시도록 한다.

(3) 구기자

구기자는 머리카락을 검고 윤기 있게 만들어 주는 효능이 있다. 구기자를 넣고 달인 물을 하루에 세 번 마시면 탈모를 예방할 수 있고, 탈모증 완화에도 효과가 있다.

(4) 당귀

당귀는 엽산과 비타민 B12 성분이 풍부해 빈혈 증세를 완화시키고, 혈의 손실로 인한 탈모증 개선에 효과가 있다. 당귀 소량을 물에 넣고 끓여서 매일 수시로 차 마시듯이 마시면 보혈에 효과적이다.

(5) 인삼

인삼을 오랫동안 복용하면 오장의 양기가 좋아지고 혈액순환이 원활해지며, 양방에서도 인삼은 내분비선의 작용을 활발하게 해서 머리카락이 나는 것을 촉진시킨다고 한다. 일반적으로 인삼을 집에서 손쉽게 먹는 방법은 수삼을 생으로 씹어 먹거나 물에 오랜 시간 다려서 수시로 마시는 방법이 있다.

수승화강이 잘되는 상태	수승화강이 안 되는 상태
입안에 단침이 고인다.	입술이 타고 손발이 차갑다.
머리가 맑고 시원하며 마음이 편안해진다.	머리가 아프고 설사 변비가 있다.
아랫배가 따뜻해지고 힘이 생긴다.	가슴이 두근거리고 불안해진다.
내장의 기능이 왕성해진다.	목이 뻣뻣해지고 어깨가 결린다.
피로하지 않고 몸에 힘이 넘친다.	항상 피곤하고 소화가 잘 안 된다.

(6) 수승화강(水昇火降)의 원리

몸이 최적의 건강 상태를 유지하면 수기는 위로 올라가 머리에 머물고 화기는 아래로 내려가 복부에 모인다. 이를 단학에서는 수승화강(水昇火降)의 원리라고 한다. '수승화강'은 수기는 올라가고 화기는 내려오는 우주의 원리이다. 즉 수승화강(물은 올라가고 불은 내려오는 것)이란 태양의 따뜻한 기운은 아래로 내려오고 물(수증기)은 위로 올라가는 것을 말한다. 이러한 이론을 한의학에서는 인체에 적용하여 차가운 기운을 상체로 올리고 뜨거운 기운을 하체로 내리는 것을 중요한 목표로 삼는다. "잠을 잘 때 머리는 시원하게 하고 발은 따뜻하게 하라."라는 말이나 반신욕(半身浴)도 이와 관련이 있다. 자연의 이치를 인체에 그대로 적용을 해서 따뜻한 기운이 내려오지를 못하면 질병이 생기기 때문에 차가운 기운은 상체로 올려보내야 하고 뜨거운 기운은 하체로 내려보내야 치유가 된다고 보는 원리이다.

4) 그 밖에 대응 방법

가발은 주로 탈모 진행이 많이 된 사람들의 경우에 사용하고 습해지거나 벗겨지는 등의 위험성이 있지만 두피에 큰 손상을 주지 않고 미관상 빠른 효과를 보여 많이 사용되고 있다. 가발을 착용하면서 약물 치료의 경우는 젊은 남성들과 여성들이 많이 찾고 있으며 탈모 진행이 많이 되신 분들도 지속적으로 사용하는 경우가 있다.

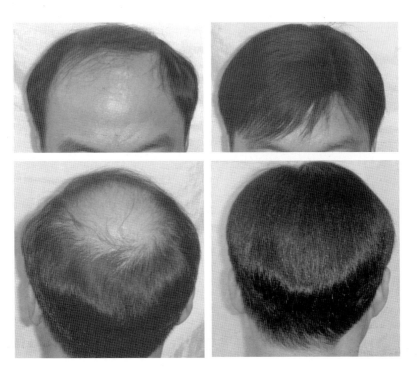

5) 모발 이식을 적용할 수 있는 경우

(1) 남성형

초기에서 어느 정도 진행된 경우에는 다른 탈모 치료로는 한계가 있기 때문에 모발 이식 수술을 고려해야 한다. 남성호르몬의 영향으로 탈모가 진행되기 시작하는데 초기에 이마와 두피 사이의 경계선이 점차 뒤로 후퇴하며 이마가 넓어지지만 호르몬의 영향을 덜 받는 머리 뒷부분은 빠지지 않는다. 이때 모발 이식 수술로 좋은 결과를 기대할 수 있으나 수술 후에도 복용약 등 다른 탈모 치료를 함께 시행해야 만족스러운 결과를 얻을 수 있다.

(2) 여성형

여성의 경우에는 굵은 머리털이 연모화의 상태에서 진행을 멈추는 것이 특징이다. 즉 모발이 다량으로 연모화 되고 빠지게 되어 숱 자체가 적어진다. 여성형 대머리의 경우 남성형 대머리에 비해 진행을 막을 확실한 방법이 없고, 탈모가 많이 진행되어 두피가 훤히 드러나 보일 때는 모발 이식도 가능하다.

(3) 무모증

음모가 생기지 않았거나 부족한 경우로서 모발 이식으로 만족스러운 결과를 얻을 수 있다. 머리와 달리 피부가 얇기 때문에 모발의 방향과 이식 높이 모발의 분포 형태 등을 잘 맞춰야 자연스럽고도 풍성한 음모의 형태로 자라게 된다.

(4) 눈썹, 속눈썹

눈썹이나 속눈썹의 모발이 부족하거나 형태가 불완전한 경우에 시행하는데 모발 이식 수술 중 가장 어려운 수술이라 할 수 있다. 정확히 수술하고 수술 후 관리를 제대로 받으면 만족스러운 결과를 얻을 수 있다. 그러나 머리털을 이식

했기 때문에 심은 모발이 계속 자라게 된다. 따라서 눈썹 이식 후에 주기적으로 잘라 주고 손질을 해주어야 한다.

(5) 수염

수염은 남성의 성질 중 하나이다. 수염이 적은 것을 고민하는 사람도 모발 이식술로 교정할 수 있다. 사실 수염 모발 이식을 원하는 사람은 많지 않으나 수술 자국이나 부분적인 흉터가 있을 때 이를 가리기 위해 수염 부위에 모발을 이식하는 경우가 많다.

(6) 반흔성 탈모

두피에 생긴 흉터로 인하여 탈모 부위가 생긴 경우에도 모발 이식을 시행할 수 있는데 흉터가 많이 두꺼운 경우는 먼저 주사나 레이저로 적절히 치료 후에 모발 이식을 함으로써 좋은 결과를 얻을 수 있다.

(7) 넓은 이마 또는 부자연스러운 헤어라인의 교정

원래 이마가 넓거나 M자형 헤어라인인 경우에 모발 이식을 하여 자연스런 헤어라인을 얻을 수 있다.

탈모의 유형

1. 탈모증의 원인

1) 유전적 호르몬 요인

가장 흔한 남성형 탈모로 사춘기 이후 증가한 남성호르몬(테스토스테론)의 영향으로 모낭이 위축되어 서서히 이마가 넓어지면서 머리 정수리의 경모가 가늘어지고 짧아져 대머리가 된다. 전두부와 두정부 모발만 탈모 현상이 일어나는 게 보통이다. 대머리는 유전으로 일반적으로 알고 있는데, 대머리 자체보다는 남성호르몬에 민감한 체질이 유전되는 것이다.

2) 내분비적 요인

모낭의 성장 주기를 변화시키는 인체의 질환으로 고열에 의한 질환을 앓고 난 후 탈모 현상과 빈혈과 심장병 혹은 암 치료제와 당뇨 치료제 복용은 모발 성장을 악화시켜 탈모를 유발한다.

3) 환경적 요인

바쁜 일상에서 오는 불규칙한 생활습관과 스트레스, 음주, 흡연, 식생활 그리고 잦은 염색과 무스, 스프레이 등의 모발 스타일링제 사용이 탈모를 재촉한다.

2. 탈모의 종류

1) 휴지기 탈모증

모발주기 가운데 휴지기에 자연적으로 빠지는 모발로 휴지기 모가 평균 이상으로 많이 빠지게 되면 휴지기 모발 탈모증으로 진단되는데, 남성형 탈모증과 산후에 빠지는 모발도 휴지기 모가 많이 빠지는 경우가 많다. 원인에 따라 다음 몇 가지로 나눌 수 있다.

(1) 남성형 탈모증

대부분 남성들에게 볼 수 있다. 남성호르몬의 영향을 받아서 남성형 탈모와 같은 형태로 전두부, 두정부의 모발이 적어지고 가늘게 되는 것을 볼 수 있다.

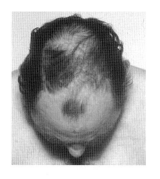 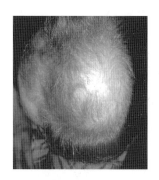 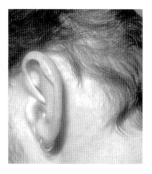

(a) 안드로겐의 영향으로　　　(b) 남성형 탈모로　　　(c)
　　인한 남성형 탈모　　　　모발이 얇게 자란 경우

주: 안드로겐의 영향으로 헤어라인에 가늘고 곱슬한 머리가 짧게 자라다 서서히 탈모가 진행
출처 : DOIA Dermatology Online Atlas

(1) 여성형 탈모증

여성의 경우 40대 전 · 후부터 발생된다. 여성은 난소로부터 여성호르몬을 분비하고 부신에서는 남성호르몬이 분비된다. 젊은 여성의 경우 양적으로 여성호르몬 분비가 압도적으로 많기 때문에 큰 변화는 없다. 40세 전후가 되면 여성호르몬의 분비가 서서히 감소하기 때문에 남성호르몬의 영향을 받아서 남성형 탈모와 같은 형태로 전두부, 두정부의 모발이 적어지고 가늘게 되는 것을 볼 수 있다.

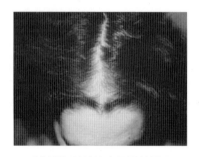 

(a) 젊은 여성의 호르몬성 탈모   (b) 중년 여성의 호르몬성 탈모

출처 : DOIA Dermatology Online Atlas

(3) 생리적 휴지기 탈모증

두피에서 갑자기 20~30% 이상이 탈모되는 현상으로 출산 후 2~5개월의 산욕기 산모에서 발생하는 산후 휴지기 탈모와, 출생기부터 4개월 사이의 영아에서 나타나는 현상으로 생후 휴지기 탈모로 모발의 재생은 생후 6개월에 시작된다. 장티푸스,폐렴, 고열이 있는 질병을 앓은 후 2~4개월부터 탈모 현상이 일어나거나 백혈병, 악성임파종, 결핵, 갑상선 기능 항진증, 영양실조 등 만성 전신성 질환과 정신적 스트레스에 따른 열병 후 휴지기 탈모 등이 있다.

(4) 약물성 휴지기 탈모

헤파린, 카바마제핀, 겐타마이신, 레보도파, 푸로프라노롤, 인도메타신 등의 약제가 약물성 휴지기 탈모를 일으킬 수 있다.

2) 성장기 모발 탈모증

모발주기 가운데 성장기 동안에 빠지는 모발로써 성장기 탈모로 성장기의 모근이 파괴되어 가늘게 된 모발로 모근이 위축된 모발을 말한다.

3) 비반흔성 탈모

비반흔성 탈모는 모발의 성장이 일시적으로 중단되어 탈모가 되는 것이다. 감염성, 외상성, 염증성, 선천성, 내분비성, 종양성, 영양 결핍성, 약물에 의한 탈모증, 모발의 구조 이상으로 생기는 탈모증으로 구분한다.

4) 감염성 탈모증

(1) 매독성 탈모증

매독 감염 후 발생하는 탈모증으로 벌레 먹은 것처럼 보여지는 것으로 후두부나 측두부에 원형 또는 타원형의 작은 탈모가 발생하여 퍼지는 탈모이다.

(2) 두부백선에 의한 탈모

두피의 모낭과 피부에 백선균(곰팡이) 감염에 의해 일어나는 비염증성 탈모, 검은 점 형태의 탈모, 염증성 탈모 등 다양하게 나타난다. 주로 남학생에게 발생하며 접촉에 의해 전염이 잘 된다.

(3) 장성지단 피부염에 의한 탈모

5~6세의 유아에 발생하는 유전성 피부질환으로 손·발가락의 개구부 등에 작은 수포나 농포를 동반한 홍반을 만들고 결국 손톱의 변형이나 손톱 주위에

염증을 일으키기도 한다. 이 피부염이 머리에 전염되면 머리 전체나 부분적으로 탈모를 일으킨다.

(4) 접촉성 피부염

접촉성 피부염은 자극성 접촉 피부염과 알레르기성 접촉 피부염으로 나눈다. 자극성 접촉 피부염은 화학물질에 의해 자극을 받으면 화상 또는 붉은 반점이나 물집이 생길수 있다. 알레르기성 접촉 피부염은 그 원인이 되는 물질을 항원 혹은 알레르겐이라 하며 이 알레르겐은 아주 작은 양이라 접촉 사실을 모르는 경우에도 그 물질에 민감한 사람에게 습진의 형태로 발병한다.

(5) 건선

피부 표면이 은백색의 인설로 덮여 있고 주위 피부와 경계가 뚜렷하며, 다양한 크기의 붉은 반점상의 딱지가 생겨 점차 크기가 커져 가는 염증성 피부질환이다. 팔꿈치, 무릎, 엉덩이, 머리의 피부에 잘 생긴다.

(6) 지루성 피부염

피지선의 활동이 증가된 부위에 주로 발생하는 인설상의 표재성 습진성 피부염으로 두피, 눈썹, 눈꺼풀, 비구순, 입술, 귀 등에 발병한다. 두피에서 증상이 심할 경우 지성의 인설이나 건선양 발진, 삼출액, 두꺼운 가피를 수반할 수 있으며 이마, 귀, 경부까지 확산될 수 있다.

(7) 비강성 탈모증(pityriasis amiantacea)

비듬이 많은 사람에게 발생하기 쉽다. 비듬에 대한 치료와 샴푸제 선택과 샴푸 방법에 신경을 써야 한다. 병적인 비듬 형성의 탈모로 두피에는 피지선과 한선이 많아 미생물이 번식하기 쉽다. 미생물은 땀의 수분과 피지와 탈락한 각질

세포(비듬)를 먹으면서 살아간다. 두피를 청결하게 하지 않으면 비듬이 증가하거나 미생물이 번식하여 가렵고 염증을 유발, 염증이 심하게 되면 모낭염이나 지루성 습진으로 진행되어 비강성 탈모증, 지루성 탈모증이라 한다.

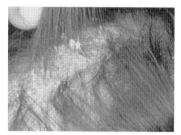

| 비강성 탈모 |

5) 외상성 탈모증

(1) 압박성 탈모증

두피에 압박을 주는 가발을 착용한다든지, 수술 시 두부를 고정하고 난 후 받은 압박에 2~3주간 때로는 6주간 후에 일어나는 탈모 현상이다.

(2) 결발성 탈모증

결발성 탈모란 부주의한 사고로 모발이 기계에 말려 들어가게 되어 탈모하는 경우를 볼 수 있다. 또한, 모발을 강하게 잡아당겨서 미용 시술을 하거나 반복해서 장기간 계속 묶어두는 모발에 견인성 탈모가 되는 것도 있다. 기계적인 자극에 의하여 나타나는 것으로 모발을 강하게 잡아당기거나, 묶는 머리에 발생하는 경우가 많다.

(3) 발모벽

비정상적인 습관으로 모발을 뽑는 정신질환의 하나로 주로 두피와 눈썹에 발생하며 두피에 짧은 모발만 남아 있다. 대부분 우울증이 있거나 가정 문제를 안고 있는 소아나 청소년에게 주로 발생하며 정신과의 치료를 함께 하는 것이 필요하다.

(4) 견인성 탈모증

두피에 지속적인 장력이 가해질 때 발생하는 탈모증으로 장력이 사라지면 회복된다.

(5) 열에 의한 탈모

헤어 드라이기, 컬링기, 롤러 등의 미용기구 사용 시 발생하는 열에 의해 발생한 탈모로 중년 여성의 두정부에 중심성 반흔성 탈모로 나타날 수 있으며, 모발 내 공기 거품 형성에 의해 모발이 쉽게 부서져 탈모가 일어날 수 있다.

(6) 방사선에 의한 탈모

방사선 치료 시 모구 및 하부 모낭의 손상에 의한 탈모이다.

(7) 화학물질에 의한 탈모

머리 염색, 포마드, 파마약, 세정성 샴푸 등의 화학물질에 의해 일시적 모발 손상 및 표피의 손상을 가져온다.

6) 자가 면역 질환으로 인한 탈모증

(1) 원형탈모증

원형 모낭의 만성적인 염증에 의해 털이 빠지는 질환으로 원인이 일정하지 않으며 바이러스 감염, 스트레스 등의 환경적인 인자에 의해 자가 면역 반응이 생겨 자신의 면역세포(T림프구)가 모낭을 공격함으로써 탈모증이 생기는 것으로 알려져 있다. 어느 특정한 부위만 탈모되는 병 중에 가장 많이 나타나는 것이 원형탈모증이다. 원형탈모증에도 여러 가지 병의 형태가 존재한다. 원형 또는 타원형 모양의 탈모가 발생되며 눈썹, 턱수염, 음모 등에서도 발생된다.

원형탈모증의 다양한 형태로 원형 또는 타원형 모양의 단발형 원형탈모증, 다
발형 원형탈모증, 다발 융합형 원형탈모증, 전두(全頭) 원형탈모증, 범(汎)발성
원형탈모증으로 머리 전체 외에 눈썹, 속눈썹, 겨드랑이털, 음모 등의 체모도 탈
모되는 경우도 있다.

(a) 탈모 병변이 1개인 경우

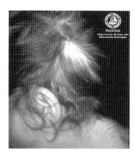
(b) 탈모 병변이 여러개인 경우

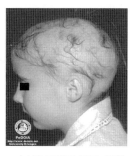
(c) 망상형의 탈모 현상

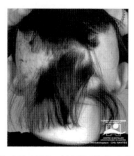
(d) 두피와 일반 피부의 경계면에 발생

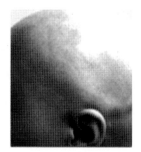
(e) 남성형 탈모와 비슷하게 보이는 경우

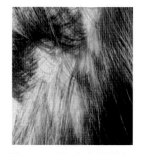
(f) Active(급진적) 원형탈모

출처 : PeDOIA Dermatology Online Atlas

| 원형탈모증 |

(2) 교원병(膠原病)에 따른 탈모

교원병은 자기 면역 질환의 하나로 다음의 증상에 따라 탈모를 유발한다.

① 전신성 홍반성랑창(全身性紅斑性狼瘡): 나비 모양으로 홍반 등 원형탈모증과 같은 부분적으로 탈모하는 경우가 있다.

② 만성 원판상(慢性圓坂狀): 청년에서 중·장년에 발생하는 교원병은 잘 치료하면 예후가 좋은 것이 특징. 두피에 발생하는 경우 탈모 유발

③ 검창상 강피증(劍創狀强皮症): 주로 이마에 발생한다. 칼에 베인 흔적처럼 보인다 하여 붙여진 이름이다. 주로 이마 부분에 발생하며 피부가 움푹 들어가 띠 모양으로 단단해진다. 이것이 점차 두부로 이어져 그 부위가 탈모된다.

(a) 아토피성 두피질환

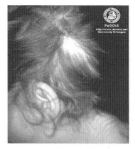

(b) 태선

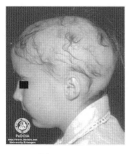

(c) Psoriasis

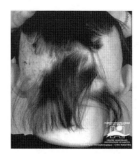

(d) Melanoma

멜라닌형성세포에 생긴 종양. 자외선에 장시간 노출 시 생길 수 있는 피부암의 종류

출처 : John L. Bezzant, M.,D. 1997. DOIA Dermatology Online Atlas

3. Hamilton 분류의 8가지 대머리의 유형

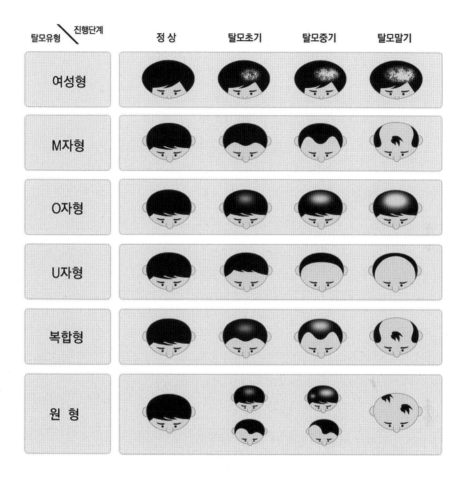

CHAPTER

두피관리

1. 두피관리의 필요성

모발의 성장과 건강은 두피 속의 혈액에 의해 이루어진다고 볼 수 있다. 두피관리에서 두피도 피부와 마찬가지로 적당한 지방 막으로 정상적인 각화작용이 이루어지고 있는 두피는 정상 두피이며, 두피가 끈적이고 과잉된 피지로 번들거리는 두피는 지성 두피이다. 두피가 건조하고 가려움증을 동반하는 피지 분비가 부족한 두피는 건성 두피이며, 또한 모공의 사이 간격이 넓고 가는 모발이 많이 있으며 힘이 없고 윤기가 없는 모발을 볼 수 있는 두피는 탈모성 두피로 볼 수 있다.

① 두피의 혈액순환을 촉진시키고 생리 기능을 높인다.
② 두피의 정상적인 각화작용이 원활하게 한다.
③ 두피에 유분 및 수분을 적당히 공급되게 한다.
④ 비듬 제거 및 방지로 청결한 두피로 유지되게 한다.
⑤ 탈모를 방지하고 모발의 발육을 촉진한다.

2. 두피 체크 과정

① 두피의 상태가 딱딱한 상태로 경직되었나 눌러 집어 본다. 두피가 경직되어 있는 두피는 혈액순환이 원활하지 않은 상태이다.

② 비듬·가려움증이 있다. 대체로 비듬이 모공을 막고 모발의 성장을 저해한다.

③ 가는 모발이 많이 있다. 모근이 두피의 피지로 압박이 되어 모발이 가늘어지고 휘어지는 모발을 볼 수 있다.

④ 모발에 광택이 없고 힘이 없다. 두피의 혈액순환이 원활하지 않으면 모모세포에 영양분이 충분히 공급되지 않아 약해지고 윤기가 없으며 약한 모발로 손상된다.

3. 두피관리 과정

① 상담(Consulting): 두피의 타입과 관리 방법을 확인한다.

② 진단(Diagnosis): 두피 상태를 측정하여 트리트먼트 프로그램을 결정한다.

③ 세정(Scaling): 두피 타입에 따른 기능성 제품으로 두피의 각질, 노폐물을 제거하며 수분공급과 혈액순환이 원활하게 한다.

④ 영양 공급(Nutrition Supply): 두피의 생리 기능을 높여 건강한 두피와 모발의 성장을 촉진하게 영양 공급을 한다.

⑤ 기능성 관리(Special Care): 두피와 모공의 분비선의 기능을 왕성하게 하며 두피에 탄력과 모모세포의 세포 분열을 촉진한다.

4. 두피의 종류 및 특징과 관리법

1) 건강 두피(Plain Scalp)

(1) 두피 특징

적절한 지방 막으로 싸여 있으며 모공은 열려 있고 두피 색상은 청백색의 우윳빛으로 정상적인 각화작용을 하고 있는 두피이다.

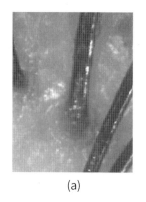 

(a)   (b)

| 건강한 두피 |

(2) 두피 상태

① 두피는 각질과 불순물이 없고 모공은 열려 있는 대체로 깨끗한 상태이다.

② 두피의 색상은 청백색의 우윳빛으로 투명하다.

③ 한 개의 모공에 2~3개의 모발이 건강하게 자리 잡고 모발에 윤기가 흐른다.

(3) 관리 방법

① 두피를 청결히 하고 정상적인 각화작용을 하도록 한다.

② 건강한 상태를 유지하는 것에 중점을 두어 관리한다.

③ 샴푸는 매일 또는 격일로 한다.

2) 지성 두피(Oily Scalp)

(1) 두피 특징

두피에 과다한 지방 막으로 싸여 피지 분비가 산화되어 모공에 피지 분비가 산화되어 있다. 피지 분비가 과잉되어 세정이 잘 이루어지지 않을 경우 모발 성장을 방해하며 탈모의 원인이 되기도 한다.

(2) 두피 상태

① 과잉된 피지는 비듬이나 가려움증을 발생시키기도 한다.

② 모공에 피지가 산화되어 모발이 끈적이고 힘이 없다.

③ 과잉 피지 분비는 피부염을 발생시키기도 한다.

(3) 관리 방법

① 과다한 피지 분비를 억제시키고 두피 세정과 피지 조절 관리를 한다.

② 과잉된 피지로 모공이 막혀 모발 성장을 방해하여 모발이 가늘어지기도 하고 탈모의 원인이 되기도 한다.

③ 지성 두피에 세정력이 있는 전문 샴푸로 막혀 있는 모공을 깨끗이 샴푸하여 준다.

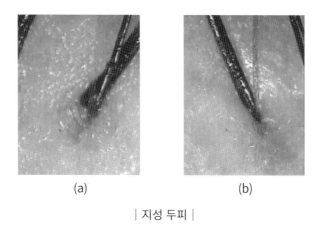

(a)   (b)

| 지성 두피 |

3) 건성 두피(Dry Scalp)

(1) 두피 특징

건성 두피는 두피의 정상적인 각화작용이 되지 않는 요인으로 외적인 요인과 내적인 요인으로 구별할 수 있다. 외적인 요인으로 모발이 심하게 당겨져 두피의 산성 막이 전체적 혹은 부분적으로 피부 박리, 가벼운 염증 등으로 생길 수 있다. 내적인 요인으로 비타민 부족, 일상적인 스트레스, 신진대사의 이상, 노화 과정, 호르몬의 이상 등으로 치료가 필요로 하는 것이 있다.

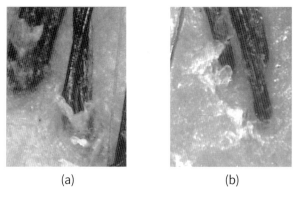

(a)   (b)

| 건성 두피 |

(2) 두피 상태

① 두피의 이상 상태는 두피에 버짐이 생긴 상태로 각질이 일어나는 현상을 볼수 있다.

② 두피가 경직되어 혈액순환이 원활하지 못하여 각질 이상의 비듬이 쌓이는상태이다.

③ 잦은 샴푸, 과도한 드라이, 퍼머, 염색 등으로 두피가 자극을 심하게 받은 상태이다.

(3) 두피관리법

① 두피의 각질세포를 진정시키고 건조를 막고 막힌 모공 세척과 수분 공급을한다.

② 두피에 혈액순환과 산소 공급과 영양 공급 관리로 건강하게 유지막 형성으로 방어 능력을 되찾게 한다.

③ 건성용 전문 샴푸로 두피 살균과 모발과 두피 위생에 중점을 둔다.

4) 민감성 두피(Sensitive Scalp)

(1) 두피 특징

두피의 붉은 기가 전체적으로 있는 홍반, 혈액순환의 장애로 충혈 된 것처럼
보인다. 혈행이 좋지 않고 영양분이 원활하게 보급되지 않기 때문에 심한 자극
은 피해야 한다.

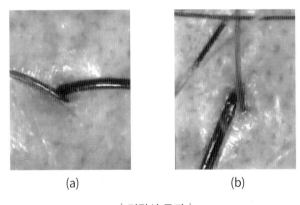

(a)	(b)

| 민감성 두피 |

(2) 두피 상태

① 두피의 붉은 기가 전체적으로 있는 상태이다.

② 홍반, 혈액순환의 장애로 충혈 된 것처럼 보인다.

③ 곰팡이, 박테리아 등 세균으로 염증이 발생하거나 과도한 피지로 인한 트러
블 등이 나타난 두피 상태이다.

(3) 관리법

① 염증 및 기타 질환을 관찰하고 먼저 치료한 후 관리에 들어간다.

② 혈행이 좋지 않고 영양분이 원활하게 보급되지 않기 때문에 심한 자극은 피

해야한다.

③ 두피의 청결과 세균 번식의 억제 및 예방에 주력하고 심한 자극을 주지 않는다.

5) 비듬성 두피(Dandruff Scalp)

(1) 두피 특징

비듬은 두피의 신진대사가 원활하게 각화작용에 의해서 생길 수 있으나 이상이 있는 비듬은 피지의 산화나 세균 등에 의해서 생긴다.

노화된 각질이 정상적으로 각화작용을 하지 않고 저조한 신진대사 장애로 수분 결여로 생기는 건성 비듬이 있다. 또한, 피지선의 과다로 표피의 각질층의 박리에 의해 생기는 지성 비듬이 있다.

(2) 두피 상태

① 두피 각질층의 각화 현상이 정상보다 양이 증가된 상태이다

② 비듬균의 이상 증식으로 피지의 산화와 세균 등에 의해 발생된 상태이다.

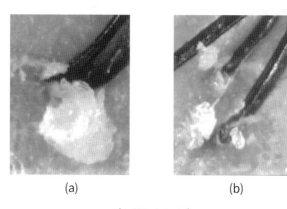

(a)   (b)

| 비듬성 두피 |

③ 지성 비듬은 대체로 남성호르몬 안드로겐의 영향을 받아 지성 비듬균이 유발하며, 두피에 땀과 먼지가 잘 달라붙어 모근 주위에 각질이 엉켜 있다. 건성 비듬은 두피가 과도한 건조로 적은 비늘의 형태를 띠며 하얀 가루가 떨어진다 .

(3) 관리법

① 두피 청결과 균을 억제하는 특수 관리와 전문 제품 사용이 이루어져야 한다.
② 건성 비듬은 수분과 유분의 적절한 공급이 필요하다. 지성비듬은 과도한 피지 조절과 균에 감염되지 않도록 살균의 효과를 함께 주는 것이 중요하다.
③ 동물성 지방 섭취를 줄이고 식물섬유, 참깨, 우유, 치즈, 미역 등을 섭취한다.

6) 탈모성 두피(Alopecia Scalp)

(1) 두피 특징

모발의 주기가 3~6년의 수명을 다하지 않고 모발이 빠지는 현상을 탈모로 볼 수 있다. 서서히 빠지는 자연 탈모, 병적으로 빠지는 병적인 탈모, 유전적인 탈모 등의 이상 탈모가 있다. 탈모의 경향도 내부적 요인과 외부적 요인으로 나누어 볼 수 있다. 외부적 요인으로 지나치게 압력을 가하는 경우, 헤어 커트나 외부에 의한 상처로 인한 경우, 장기간의 모자 착용, 비위생적인 두피관리, 기온이나 대기 압력의 차이, 적당하지 않은 모발 제품 사용으로 인한 경우 등이 있다. 내부적 요인으로 모발의 생리적 주기가 질병, 감기, 장티푸스, 간염, 전염병 질환, 호르몬의 유전적 요인, 과도한 스트레스, 영양장애 그 외의 신경성 질병 등이 있다.

(2) 두피 상태

① 모발의 수명을 다하지 않고 성장기의 모발이 빠지는 것이다.

② 전자현미경으로 두피를 관찰해 보면 모공과 모공 사이의 간격이 넓다

③ 모발이 힘이 없고 자연탈모, 병적인 탈모, 유전적 탈모 등이 있다.

 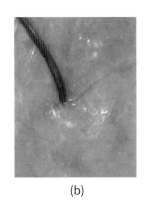

(a)　　　　　　　　　　(b)

| 탈모성 두피 |

(3) 관리법

① 탈모의 원인은 다양하며 확실하게 밝혀진 것은 없으며 유전, 영양 밸런스 불균형, 스트레스 등의 원인이라 볼 수 있다. 따라서 청결과 더불어 혈액순환이 원활하도록 마사지에 신경을 써야 한다.

② 안드로겐의 과잉 분비는 피지선의 활동을 촉진시켜 탈모를 일으킨다.

③ 내부적 외부적 요인에 의한 경우를 주의하면서 유전적 알레르기성 체질과 정신건강에 의한 치료는 비교적 어려우나 혈액순환 촉진 마사지와 비타민제 및 전문 관리를 함께 병행해야 한다.

5. 모발관리

1) 모발관리의 필요성

모발관리는 모발 자체를 관리하는 것을 말한다.

① 두피 및 모발의 생리적 병리적 원인을 파악하고 여러 가지 원인에 의한 두피와 손상된 모발을 치료하는 데 도움이 되며 아름다운 헤어스타일로 관리하기 위함이다.

② 두부 습진, 피부염, 탈모증 등의 두피의 이상을 파악하여 관리하기 위함이다.

③ 두피, 모발 문제점과 염색약, 퍼머약, 샴푸제, 린스 적절한 제품을 사용하기 위함이다.

(1) 손상 모의 진단

① 다공성 모(손상 모)

다공성 모발이란 모발의 손상 정도가 클수록 수분을 흡수하고자 하는 흡수력(porosity)이 강하다. 다공성 손상 모발이란 거의 건성 손상 모이다. 다공성의 정도에 따라 모발에 퍼머넌트 웨이브 시술 시 염색과 탈색 시에 약액 선정이나 색 선정 등을 고려하여야 한다. 손상 모발일 때에는 시술의 방법이나 대기 시간을 짧게 하여야 한다. 약액이 너무 강한 것은 피해야 하며, 염색 시 너무 밝게 되는 것에 주의를 하여야 한다. 시술 시 모발을 지나치게 잡아당기지 않아야 하며 손상의 정도에 따라서 약액 선정과 로드의 굵기 선정, 모발에 텐션 정도를 달리해야 한다. 퍼머넌트 웨이브나 염색, 탈색에서 모발을 보호하고자 할 때 모발의 모표피층의 큐티클에 정상 모발보다 많이 열려 있거나 구멍이 뚫려 있는 부분에 모발 영양제를 도포하여 큐티클 층을 균일하게 시술하여 모발 손상도를 최소화시킬 수 있다.

② 저항성 모

모발 표피의 cuticle층이 건강 모를 말한다. 모발의 큐티클층을 현미경으로 살펴보면 나뭇결의 무늬 모양이 일정하게 빽빽하게 밀착되어 있는 것을 볼 수 있다.

따라서 수분에 대한 저항력이 강하고 흡수력은 약하나. 퍼머넌트 웨이브 시에 약액이 강한 것을 사용해야 한다. 퍼머넌트 웨이브 시술 시 먼저 1액을 도포, 가온하여 큐티클층을 유연하게 팽윤하는 전처리 과정을 한 후 로드에 감아 프로세싱 타임도 유연 정도에 따라 길게 주어야 한다. 염색 시 원하는 색이 나오지 않으며 원하는 색보다 대체로 어둡다. 물리적인 진단 방법으로서는 hair에 물을 분무했을 때 물은 거의 흡수되지 않고 굴러떨어진다.

③ 모발의 질(Texture)

모발의 결을 모발의 질로 볼 수 있다. 모발의 질은 모발의 직경과 모발의 감촉으로 모발의 질을 말한다. 모발의 직경을 대체적으로 구분한다면 굵은 모발, 중간모발, 가는 모발로 볼 수 있다. 가는 모발일 경우 용액의 흡수력이 강하다. 퍼머넌트 웨이브가 가장 힘든 모발은 건강 모발이면서 발수성 모발이다. 경모일 경우 큐티클에 지방분이 많으며, 모발의 큐티클이 밀착되어 용액의 흡수가 잘되지 않는 모발의 결이다.

④ 모발의 탄력성(Elasticity)

모발의 탄력성이란 모발을 늘렸다가 다시 원상태로 되돌아가는 성질을 말한다. 탄력이 좋은 모발일수록 퍼머넌트 웨이브가 오래 지속되며, 탄력이 없는 모발은 대부분 퍼머넌트 웨이브가 오래 지속되지 않은 모발이다. 탄력성이 없는 모발에 퍼머넌트 웨이브 시술 시 직경이 다소 작은 로드를 사용하여 탄력성을 조금 더 증가하게 한다. 로드 와인딩할 때 텐션을 조금 더 주어서 와인딩한다.

⑤ 모발의 밀도(Density)

같은 면적 안에 모발의 수가 많으면 밀도가 높은 것으로서 퍼머넌트 웨이브 시술 시 슬라이싱 선을 작게 하며 rod의 직경은 큰 것을 사용하여 와인딩해야 한다.

2) 손상 모발의 관리

모발은 모발손상에 대한 스스로의 치유력은 없다. 손상 모발은 더 이상 진행되지 않도록 외부로부터 보호하고 정상 모발은 손상되지 않도록 해야 한다.

샴푸와 린스, 트리트먼트

1. 샴푸(Shampoo)

1) 샴푸의 목적

샴푸는 먼지나 더러움을 씻어 내는 것으로 두피에서 분비된 피지와 땀, 두피의 각질, 모발과 두피에 도포한 각종 헤어 제품, 먼지 등을 세정해 주는 것이다. 이들은 시간이 지남에 따라 세균이 번식하게 되며 유기물을 분해하여 두피가 가렵고 비듬이 생기는 등의 모발과 두피의 이상이 생길 수 있다.

비듬, 지루성 등으로 두피에 더러움이 심할 때, 두피에 여러 가지의 이상이 있을 때 효과적인 세정을 하기 위해서 다양한 기능성 샴푸가 있다.

샴푸제에는 세정제로 음이온성 계면활성제가 주로 사용되는데, 이는 기포력과 세정력이 우수하다. 양쪽성 계면활성제의 경우 기포력은 적으나 피부나 눈의 점막에 대한 자극이 적어 저자극성 또는 베이비용 샴푸 등에 사용된다. 그 외에 거품을 부드럽게 해주고 쉽게 가라앉지 않게 하기 위해 기포 안정제를 배합되고 있다. 글리세린·프로필렌 글리콜과 같은 폴리올을 배합하여 보습 효과를 주고 샴푸가 저온에서 동결되거나 침전이 생기는 것을 방지해 준다. 이외 목적에 따라 비듬 방지제 등이 배합되기도 한다.

2) 계면활성제

계면활성제가 전기를 띠는 것이 음이온, 양이온, 양쪽성, 비이온 등에 따라 제품 분류와 특성에 따라 사용된다.

계면활성제란 물을 좋아하는 친수성기와 기름을 좋아하는 친유성기를 함께 가지고 있는 물질로 물과 기름의 경계면을 변화시킬 수 있는 특성을 가지고 있다. 계면활성제를 분류하면 물과 기름을 잘 혼합되게 하는 유화제, 기름을 물에 투명하게 녹이는 가용화제, 피부의 오염 물질을 제거해 주는 세정제, 고체 입자를 물에 균일하게 분산시켜 주는 분산제 등으로 구분할 수 있다. 계면활성제는 친수성기의 이온에 따라 양이온성, 음이온성, 비이온성, 양쪽 이온성 계면활성제로 구분이 된다.

(1) 음이온성 계면활성제(Anionic Surfactant)

음이온성 계면활성제는 수중에서 계면활성 작용이 친수기 부분 음이온으로 해리한다. 세정작용과 기포 형성이 우수하며 비누와 샴푸, 클렌징, 바디클렌저 등에 사용된다.

(2) 양이온성 계면활성제(Cationic Surfactant)

양이온성 계면활성제는 수중에서 친수기 부분이 양이온으로 해리하는 물질로 음이온 계면활성제와 반대의 구조를 하기에 역성비누라고 한다. 세정, 유화, 가용화 등에 사용되며, 모발에 흡착, 유연 효과, 대전 방지 효과 등에 사용된다. 특히 양이온 계면활성제는 주로 두발용 화장품에 사용된다. 주로 헤어 린스, 컨디셔닝제 등의 모발의 정전기 방지로 사용되며, 살균과 소독작용이 크다.

(3) 비이온성 계면활성제(Nonionic Surfactant)

비이온 계면활성제에는 친유기와 친수기의 균형의 차이에 따라 용해도, 침투력, 유화력, 가용화력 등의 성질에 차이가 있다. 비이온성 계면활성제는 유화력,

가용화력이 우수하며 피부에 자극이 적은 편이다. 주로 기초화장품 화장수의 가용화제, 크림의 유화제, 크렌징 크림의 세정제 등의 화장품에 사용된다.

(4) 양쪽 이온성 계면활성제(Amphoteric Surfactant)

양쪽 이온성 계면활성제는 양이온성, 음이온성 관능기를 1개 혹은 그 이상을 동시에 분자 내에 갖는 물질을 말한다. 일반적으로 양이온은 산성, 음이온은 알카리성에서 해리한다. 이온성 계면활성제의 부족한 점을 보완하며, 음이온 계면활성제보다 피부의 자극이 적어 저자극성, 독성이 낮은 세정력, 살균력, 기포력 유연 효과를 이용하여 샴푸, 베이비샴푸 등에 사용된다.

① 샴푸의 유화작용에 의한 세정작용

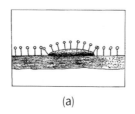

(a)

샴푸의 계면활성제가 오염물
주변을 둘러싼다.

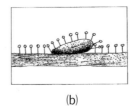

(b)

계면활성제의 힘에 오염물이
모발에서 떨어져 감.

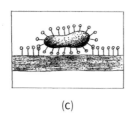

(c)

오염물이 모발에서 완전히 분리됨.

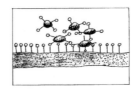

(d)

오염물이 작게 분리되어 물속에서
분산되어짐.

3) 기능성 샴푸의 성분

■ 지성용 샴푸

① 모발 보호 보습 효과: Collagen, Elastin, Silk protein, yeast extract

② 살균 효과: Menthol, peppermint oil

③ 코팅 효과: Pro-vitamin B5, silicone

④ 피지 제거 및 비듬균 억제 효과: Salicylic acid, Zinc pyrithione(ZPT)

■ 비듬 방지용 샴푸

① 비듬균 억제 효과: Salicylic acid, Zinc pyrithione, piroctonolamine

② 모발 보호 보습 효과: Collagenelastin, Silk protein, yeast extract

③ 살균 효과: Menthol, peppermint oil, salicylic acid

④ 코팅 효과: Pro-vitamin B5, silicone

■ 탈모용 샴푸

① 육모 증진: 은행잎 추출물

② 모발 보습 효과: Collagenelastin, Silk protein, yeast extract

③ 코팅 효과: Provitamin B5, silicone

④ 살균 효과: Menthol, peppermint oil

| 샴푸의 주요 성분 |

구 분	성분 예
세정제	음이온성 계면활성제(Sodium lauryl sulfate, Sodium laureth sulfate) 양쪽성 계면활성제(Cocamidopropyl betaine)
기포 안정제	비이온성 계면활성제(Lauramide MEA, Cocamide MEA)
보습제	폴리올(Glycerine Propylenne glycol, Butylene glycol) Collagenelastin, Silk protein, yeast extract, Elastin,
컨디셔닝	양이온성 고분자(Polyquaternium-10)
점도 조절제	무기질, 전해질(Sodium chloride, Sodium sulfate), 수용성 고분자
방부제	메칠이소치아졸리논(Methyl ispthiazolinone)
금속이온 봉쇄제	에칠렌디아민 테트라초산나트륨(Disodium EDTA)
퇴색 방지제	벤조페논(Benzophenone-9)
pH 조절제	구연산(Citric acid)
기타	비듬 방지제(Piroctoneolamine, Zinc pyrithione (ZPT), Ketoconazole) Salicylic acid,

■ 모발 재생 샴푸

① 영양 공급 및 육모 증진: Ceramide, Acticea 100, HPCH lignid

② 영양 공급: Collagen, Elastin, silk protein

③ 코팅 효과: Pro-vitamin B5, silicone

④ 살균 효과: Menthol, peppermint oil, salicylic acid

구 분	성분명	함량(%)
세정제	Sodium laureth sulfate	9.0
	Sodium lauryl sulfate	6.0
	Cocamidopropyl betaine	1.2
기포 안정제	Lauramide DEA	5.0
보습제	Propylene glycol	3.5
퇴색 방지제	Benzophenone-9	0.05
방부제	Methylchloroisothiazolinone	0.01
점도 조절제	Sodium chloride	0.1
향료	Perfume	0.5
색소	Red No 33	0.01
금속이온 봉쇄제	Disodium EDTA	0.05
pH 조절제	Citric acid	적량
기타	Water	74.83

| 샴푸의 처방 예 |

4) 샴푸의 종류

- 웨트 샴푸(wet shampoo): 물을 사용하여 씻는 것
- 드라이 샴푸(dry shampoo): 물을 사용하지 않고 씻는 것

(1) 웨트 샴푸(wet Shampoo)의 종류

① 플레인 샴푸(Plain Shampoo): 보통 샴푸로 중성세제나 비누 등으로 물을 사용하여 씻는 것

② 스페셜 샴푸(Special Shampoo): 특수한 샴푸를 말하는데 오일 샴푸와 에그 샴푸가 있다.

- 오일 샴푸: 일반적으로 합성세제가 주성분인 샴푸제는 세정력이 뛰어나기 때문에 불순물들과 함께 모발에 필요한 유분까지 제거해 버리는 것이 많다. 샴푸 후 빗질이 나쁘게 되어 이것이 모발을 손상당하게 하는 원인이 되어

버린다. 유분을 제거하는 것을 방지하기 위하여 샴푸에 올리브 오일, 아보카도 오일, 밍크 오일, 라놀린, 미네랄 오일 등을 첨가하여 유성 성분을 보강한 샴푸이다.

- 핫 오일 샴푸(Hot Oil Shampoo): 두피나 모발에 지방을 보급하기 위한 샴푸이며 올리브유, 아몬드유 등을 두피에 충분히 도포하여 침투시킨 후 플레인 샴푸를 한다.
- 에그 샴푸(Egg Shampoo): 두피나 모발이 지나치게 표백이나 염색에 실패하여 모발이 많이 상하게 되었을 때 달걀을 사용한다.
- 비듬 제거 샴푸: 특히 비듬이 많은 사람을 위해서 만들어진 샴푸이다. 비듬은 오래된 두피가 벗겨져 떨어지는 것이기 때문에 누구에게서나 있는 것이지만 이 비듬이 사람에 따라서 병적으로 많아지는 경우가 있는데 이러한 원인에는 피부 질환 등 여러 가지가 있고, 세균의 증식도 원인의 하나이다. 그래서 이 세균의 번식을 억제하기 위하여 살균제를 첨가한 샴푸가 다양하게 나오고 있다.

5) 기능성 샴푸

그 밖의 기능성 샴푸로 건성용 샴푸, 지성용 샴푸, 비듬성 샴푸, 탈모성 샴푸, 염색 모발용 샴푸, 퍼머 모발용 샴푸로 나누어 보면 다음과 같이 나누어 본다.

① 건성용 샴푸: 건성용 샴푸는 두피의 보습을 주고 비타민과 두피와 모발 보호 성분으로 모발을 윤기 있게 가꾸어준다. 또한, 오일 샴푸와 같은 컨디셔닝용으로서 모이스처 샴푸, 프로테인 샴푸 등이 있다. 이것들은 오일 샴푸와 같이 머리를 감은 후 모발에 적당한 수분을 주는 목적으로 습윤제를 배합하고 있다.

② 지성용 샴푸: 지성용 샴푸는 두피 내 과도하게 분비된 피지와 모발에 오염

물질을 세정해 주는 작용을 한다. 유분과 수분의 밸런스를 유지시켜 상쾌한 두피를 유지하게 만들어준다.

③ 비듬성 샴푸: 비듬성 샴푸는 비듬균의 억제 효과와 살균작용으로 가려움증을 효과적으로 덜어준다. 그리고 댄드러프 샴푸나 토닉 샴푸는 두피를 적당히 자극하여 청결감을 줌과 동시에 신진대사를 촉진시키는 작용을 하고 있다. 전용 샴푸들로서 베이비 샴푸나 산성 샴푸 등 저자극 위주로 하거나 염색, 퍼머 등을 한다. 모발의 정전기적인 중성을 만들어 주기 위한 샴푸도 있다.

④ 탈모성 샴푸: 두피세포의 활성화를 촉진하고 모근을 건강하게 하며 영양 성분이 모근을 건강하게 해준다. 육모 증진의 효과와 모발의 코팅 작용으로 모발이 강화하게 하여 모발이 다소 굵어지는 효과도 주고 있다.

⑤ 염색 모발용 샴푸: 염색 모발용으로 염색한 모발에 색상과 윤기를 유지하도록 한다. 염색 모발 색상의 퇴색을 방지하고 선명한 색상이 오랫동안 유지하게 하며 윤기 있고 아름다운 모발로 효과를 준다.

6) 드라이 샴푸(Dry Shampoo)의 종류

① 파우더 드라이 샴푸(Powder Dry Shampoo): 분말을 사용하는데 지방성 물질을 흡수하는 작용이 있는 것으로 주로 탄산마그네슘, 붕산 등이 사용된다.
② 에그 파우다 드라이 샴푸(Egg Powder Dry Shampoo): 달걀을 사용하는데 건조시켜서 브러싱 하는 방법이다.
③ 리퀴드 파우다 드라이 샴푸(Liquid Powder Dry Shampoo): 벤젠 등 휘발성 용제나 알코올을 사용하는데 주로 가발 세정에 사용한다.

7) 샴푸제의 선정

① 정상적인 상태

- 알카리성 샴푸제로는 합성세제를 주제로 주로 pH가 7.5~8.5 상태이다.
- 산성 샴푸제로 pH가 약 4.5 정도의 약산성 샴푸제이다.

② 비듬성 상태

- 항비듬성 샴푸제는 약용 샴푸제로 건성과 지성의 것이 있다.

③ 염색한 모발 상태

- 염색한 모발의 샴푸제로는 논스트리핑 샴푸제(nonstripping shampoo)가 사용된다. 대개 pH가 낮은 산성이며 모발의 큐티클을 자극하지 않는다.

8) 샴푸잉 시술 시 주의점

① 손톱을 짧게 깎는다.
② 반지 등 액세서리는 하지 않는다.
③ 샴푸 시 사용하는 물의 온도는 38~40°C가 적당하다.
④ 퍼머넌트 웨이브나 염색 전의 샴푸는 두피를 너무 자극하지 않도록 하여야 한다.
⑤ 샴푸 시 두피를 지문 부분으로 하여야 하며 손톱을 세우지 않아야 한다.
⑥ 모발은 수분을 흡수하여 팽윤 되어 있는 상태이므로 비벼 씻으면 모표피 부분이 손상을 쉽게 입을 수 있으므로 모발을 잡고 비벼 주는 것을 하지 않아야 한다.
⑦ 샴푸 후 젖어 있는 모발에 드라이어로 갑자기 열풍을 대면 급속히 모발이 건조 수축이 되면 모발이 열모가 되는 등의 원인이 되므로 타월 드라이로 물기를 건조 후 서서히 드라이어로 건조시켜야 한다.

2. 헤어 린스(Rinse)

1) 린스의 목적

린스(rinse)란 그냥 물로 헹구어 주는 것을 의미하지만, 샴푸 후 남아 있는 비누 혹은 샴푸제의 불용성 성분을 중화시키고 금속성 피막을 제거한다. 린스는 부드러움을 주거나 손상을 막는 작용과 일반적으로 샴푸제로 샴푸잉을 한 후 적당하게 유분을 주어 모발의 표면을 보호하고 탄력 있고 부드러운 모발 결을 갖추게 해준다. 또한, 모발이 엉키지 않고 빗질이 잘되게 하며 대전 방지 효과와 모발 결을 보호해 주는 것이다. 모발에 수분이나 유분을 잘 흡착 · 균일하게 골고루 밀착하여 모발에 산성 막을 입혀 모발의 모표피 보호와 광택을 준다. 헤어스타일을 보다 쉽게 아름다운 스타일로 만들 수 있게 한다. 또한, 눈이나 피부에 자극이 없고 안정성이 좋아야 한다. 성분적으로 모발 타입별로 건성 모발, 지성 모발, 정상 모발에 사용하는 린스와 탈모성 두피와 비듬성 두피 등으로 전문 샴푸, 린스로 세분화되어 있다.

린스와 샴푸가 동시에 가능한 세제도 있다. 린스에는 산성 린스, 오일 린스, 비듬 방지용 린스, 지성용, 건성용 등으로 세분화되어 있으므로 두피와 모발에 알맞은 제품을 사용하는 것이 바람직하다.

2) 린스의 종류

① 플레인 린스(Plain Rinse)

미지근한 물로 헹구는 방법으로 가장 보편화 된 방법이다.

② 오일 린스(Oil Rinse)

유성 린싱(油性)으로 오일의 유성 성분들을 가용화, 유화시켜 만든 것이 크림 린스이다. 유성 린스는 크림 혹은 로션 형태로 샴푸 후에 지방분을 공급하기 위한 친수성으로 올리브유, 라놀린유 등으로 이용한 린스가 있다. 모발에 광택 및 유연성을 주고 촉촉한 습기를 유지할 수 있는 모발을 만들어 준다.

③ 산성 린스(Acid Rinse)

미지근한 물에 산을 첨가하여 지금과 같은 샴푸가 발달되기 전에 사용하였던 린스로서 비누로 세정한 후 남는 불용성의 금속비누 또는 알칼리 성분들을 중화시키기 위하여 사용하였다. 지금은 퍼머넌트 웨이브 처리 후 중간 단계에서 알칼리성분들을 중화시키는 데 주로 사용되며, 2세의 산화작용도 높여 줄 수 있는 작용도 하고 있다. 구연산, 주석산, 인산 등 산성인 성분들을 사용하여 냄새가 없고 비교적 피부에 대한 작용도 온화한 린스들로 이루어져 있다. 염모제로 염색한 후의 린스나 블리치제로 모발을 탈색한 후에 사용하는 린스로도 사용되고 있다.

• 레몬 린스(Lemon rinse): 레몬 한 개를 미지근한 물에 풀어서 플레인 린스를 한다.
• 구연산 린스: 레몬 린스의 대용으로 구연산 결정 등을 이용할 수도 있다.
• 비니거 린스(Vinegar rinse): 식초나 초산을 10배 정도로 희석하여 사용한다.
• 비듬 방지용 린스: 린스에 비듬 제거 효과가 있는 성분을 배합한 것이다. 비듬의 원인을 여러 가지로 볼 수 있는데 대부은 노화 각질이나 세균에 의한 것으로 알려져 있다. 이러한 비듬을 효과적으로 방지해 줄 수 있는 성분인 각질 용해제, 피지 분비를 억제하는 비타민류, 살균제, 습윤제 등이 포함되어 있어서 두피의 건조를 막고 비듬의 생성 및 발전을 막는다. 이러한 린스는 물론 비듬 방지용 샴푸와 함께 사용하면 효과적이다.

헤어 린스는 '헹구다'라는 의미이지만, 샴푸한 모발에 유분 부족으로 푸석한 모발에 유분을 주어 빗질이 잘되게 하고 모표피를 보호하게 한다. 헤어 린스에는 양이온성 계면활성세, 컨디셔닝제, 유성 성분, 보습제 등이 주성분으로 배합되어 있다. 헤어 린스에는 샴푸와 달리 모발에 윤기와 광택을 부여하기

위해 양이온성 계면활성제와 유성 성분이 배합되며, 보습제로는 글리세린이
주로 사용되며 샴푸의 경우와 마찬가지로 저온에서 헤어 린스가 얼지 않도록
하며 모발에 보습 효과를 준다. 헤어 린스에는 투명한 액상 타입, 로션 타입,
젤 타입 등이 있고 용도별로는 정상 모발용, 건성 모발용, 지성 모발용 등이
있다. 린스의 중요한 목적으로 부드러움을 주거나 모발의 손상을 막는 성분
으로 양이온성 계면활성제가 작용을 하고 있고, 더불어 유성 성분들을 어떻
게 효과적으로 흡착시키느냐가 린스의 품질에 결정적인 역할을 할 수 있다.
이와 같은 헤어 린스의 구분은 계면활성제, 보습제, 컨디셔닝제, 유성 성분의
배합량을 달리하면 가능하다. 다음에 헤어 린스의 주요 성분과 처방 예를 나
타내었다.

| 헤어 린스의 주요 성분 |

구분	성분 예
계면활성제	양이온성 계면활성제(Cetrimonium chloride, Distearyldimonium chloride) 비이온성 계면활성제(Polysorbate, Glyceryl monostearate, Choleth-24)
보습제	폴리올류(Glycerine, Propylene glycol, Butylene glycol)
컨디셔닝제	양이온성 고분자(Polyquaternium-10)
유성 성분	고급알코올(Cetostearyl alcohol), 오일(Wheat germ oil, Liquid paraffine, Isopropyl myristate)
방부제	파라벤(Paraben), 메틸클로로이소치아졸리논(Methylchloroisothiazolinone)
금속이온 봉쇄제	에칠렌디아민 테트라초산나트륨(Disodium EDTA)
색소	청색 1호(Blue No 1)
퇴색 방지제	벤조페논(Benzophenone-9)
pH 조절제	구연산(Citric acid)

3) 헤어 크림(Hair Cream)

헤어 크림은 유화 제품으로 유화 형태에 따라 O/W형, W/O형으로 나누며 O/W형은 산뜻한 사용감이 있는데 비하여 W/O형은 윤기와 정발 효과가 좋다. 헤어 크림은 크림과 마찬가지로 유성 성분, 보습제, 정제수 등으로 되어 있으나 양이온성 계면활성제와 컨디셔닝제가 다량 함유된 것이 특징이다. 다음은 헤어크림의 예시 처방이다.

3. 헤어 트리트먼트(Hair Treatment)

트리트먼트란 치료, 처치라는 뜻으로 모발의 트리트먼트는 모발관리로 모발 자체에 필요한 관리를 하는 것이다.

헤어 트리트먼트(hair treatment)는 손상 원인에 따라 물리적, 화학적 방법으로 손질하는 것을 말한다. 건성 모발, 다공성 모발, 손상 모발 혹은 화학적 시술 전, 후에 모발관리를 위한 관리가 요구되는 것이다.

모발 진단기로 살펴보면 모표피, 모피질, 모수질을 살펴볼 수 있다. 건강한 모발은 큐티클이 모발을 둘러싸고 있는 나뭇결 혹은 비늘 모양으로 아주 섬세하고 매끄러운 무늬와 윤기를 볼 수 있다. 손상 모발은 모피질에 간충물질이 소실되어 있고 모표피 바깥층이 일부 떨어져 나간 부분과 녹아내린 것 등으로 손실되어 있는 부분들을 볼 수 있다. 모발의 손상된 부분을 수분이나 유분, 간충물질로 채워 주고 모발 손상이나 비듬 등의 균으로부터 보호하고 살균해 주는 것 등 모두 포함하고 있다. 손상 모를 건강 모발로 회복시켜 주는 것이다.

1) 헤어 트리트먼트(Hair Treatment)의 목적

① 모발의 손상된 부분을 수분이나 유분을 공급하여 채워 준다.
② 모발 손상이나 비듬 등의 균으로부터 보호하고 살균해 준다.

③ 모발의 손상 원인에 따라 물리적, 화학적 방법을 가하여 손상 모를 건강 모발로 회복시켜 주는 것이다.

④ 고분자 실리콘을 응용한 제품들이 지모, 즉 갈라진 손상 모발들의 예방에 효과적으로 사용할 수 있다.

⑤ 부드럽고 윤기 있는 모발을 유지하기 위하여 적당한 수분과 유분의 함유가 중요하다.

2) 헤어 트리트먼트제의 종류와 특징

① 헤어오일(Hair Oil): 헤어 오일은 모발에 유분을 주고 모발을 보호하고 손질하기 쉽게 한다. 모발의 표면에 점성이 적은 유성 성분이 배합되어 유분과 유연 · 광택을 유지하게 한다.

② 헤어 로션(Hair Lotion): 정상적인 모발을 유지시키기 위한 트리트먼트제이다. 사용 후 모발에 유분이나 수분의 건조를 막는다. 일부 제품을 제외한 대부분의 제품들은 모두 헹구어 내는 타입으로 되어 있다. 주로 큐티클의 손상된 부분이나 그 사이를 영양 성분으로 채워 정상 모발로 돌려주는 목적으로 사용된다.

③ 크림 타입 트리트먼트: 헤어 크림은 물과 유분을 유화시킨 제품으로 손상된 모발에 영양 성분을 공급하여 주고 모발을 정돈해 줌과 동시에 보습 효과와 광택을 주는 기능이 있다. 유화 형태에 따라 W/O형과 O/W형이 있고 두 가지 모두 컨디셔닝 효과는 비슷하나 O/W형의 트리트먼트가 산뜻한 사용감이 있고 끈적임이 적다. W/O형 오일감이 있고 광택이나 윤기가 강하게 남아 있다는 장점을 가지고 있다.

④ 세트 로션(Set Lotion): 세트 로션은 고분자 물질로 액상과 젤 상태로 영양 효과는 거의 없고 일정한 웨이브나 컬을 유지하게 하기 위해 사용하고 있다.

⑤ 스프레이식 트리트먼트: 액상과 가스상으로 분사하는 스프레이식 트리트먼

트가 있다. 에어졸을 이용하여 가스의 압력으로 분사시키는 형태와 액상 트리트먼트로 펌프를 이용하여 분사시키는 형태로 나눌 수 있다. 컨디셔닝 효과와 스타일링의 효과를 줄 수 있어서 주로 헤어스타일을 완성한 모발에 분사 혹은 도포하는 것으로 사용되고 있다. 드라이를 사용하여 모발 마무리하는 용도로 많이 사용한다. 헤어스타일을 오랫동안 유지하게 보호하는 목적으로 시용한다. 또한, 모발에 유분 및 수분을 공급할 뿐만 아니라 정전기 발생을 억제할 수 있는 양이온성 계면활성제들이 다량 함유되어 있다.

⑥ 젤 타입 트리트먼트: 모발 끝부분의 손상이 많이 되어 있는 부분과 유분의 부족과 갈라지고 끊어지게 된 모발에 효과적이다. 폴리펩타이드나 고농도의 유성성분들을 보충하기 위하여 올리브유 같은 식물성 오일이나 윤활성, 밀착성, 내수성이 있는 실리콘, 라놀린 오일 등을 사용된다. 외관상 투명한 젤 타입 트리트먼트가 많으며, 모발 끝의 갈라진 부분을 회복시켜 주고 미연에 방지하는 목적으로 사용하는 제품이다. 일부 제품은 캡슐 형태나 앰플도 있다.

⑦ 헤어 리퀴드(Hair Liquid): 헤어 리퀴드는 화장수와 유사한 정발제이다. 점착성과 보습력을 지닌 합성 폴리에스테르유를 에탄올 용액에 투명하게 용해시킨 제품이다.

3) 헤어 트리트먼트(Hair Treatment)의 종류

① 헤어 리컨디셔닝(Hair Reconditioning): 이상이 있거나 손상된 모발을 손질하여 손상되기 이전의 상태로 회복시키는 것이다. 상태에 따라 핫오일 트리트먼트와 크림 컨디셔너를 사용할 수 있다.

② 헤어 클립핑(Hair Clipping): 모표피가 벗겨졌거나 모발 끝이 갈라진 모발을 제거하는 방법이다. 두발 숱을 작게 잡아 위로 향하게 비틀어 꼬고 갈라진 두발이 삐져나온 것을 가위로 모발 끝에서 모근 쪽으로 향해 세밀하게

잘라낸다.

③ 헤어팩(Hair Pack): 모발에 청결과 영양을 흡수시키기는 것이다. 청결을 위한 팩은 모발 클렌징을 하기 위한 것과 영양을 위한 팩은 모발에 윤기가 없고 부스러지는 듯한 손상 모나 다공성 모 등에 효과적이다. 샴푸 후 헤어 팩 혹은 헤어 트리트먼트 크림을 충분히 발라 헤어 스팀을 제품에 따라서 약 5~10분간 쬐여 플레인 린스를 하는 방법이 있다.

④ 신징(Singeing): 신징은 갈라지거나 부스러지는 모발을 모피질에서 영양분이 빠져나가는 것을 막고 온열 자극에 의해서 두피에 혈액순환을 촉진하는 방법으로 신징 왁스나 신징기를 사용하는 것이다.

⑤ 앰플: 식물성 오일과 비타민 등을 함유하여 모발에 영양과 수분을 공급한다. 퍼머넌트 웨이브나 염색으로 손상된 갈라지거나 부서지는 모발을 보호해 준다.

4) 스캘프 트리트먼트(Scalp Treatment)

스캘프 트리트먼트란 두피 손질이란 뜻으로 혈액순환을 왕성하게 하여 두피의 생리 기능을 높여 준다. 때나 먼지 등을 제거하여 두피를 청결하게 하고 두피의 성육을 도와주고 두피나 모발에 지방을 보급하여 모발에 윤기를 더해 준다. 모근에 자극을 주어 탈모를 방지하고 모발을 성장하게 한다.

두피 진단기로 살펴보면 모간, 모근, 모구, 모유두 등을 살펴 볼 수 있으며 두피도 다른 피부와 마찬가지로 건강 두피, 지성 두피, 건성 두피, 비듬성 두피, 탈모성 두피 등으로 나누어 볼 수 있다.

건강두피란 적당한 지방막으로 싸여 정상적인 각화작용을 하고 있는 두피를 말한다. 지성 두피는 피지 분비가 과잉된 상태로 과잉된 지방막으로 싸여 있는 것을 말한다. 건성 두피는 피지 분비가 부족된 상태로서 각화작용이 원활하게 이루어지지 않는 상태를 말한다. 민감성 두피는 두피의 긴장과 혈액순환의 장애로 홍반이나 충혈이 보이는 상태이다. 비듬성 두피는 두피가 각화되어 신진대사의 일종으로 누구에게나 있을 수 있는 것이나 각화의 이상이 생기면 양이 증가할 수 있다. 정상 비듬, 건성 비듬, 지성 비듬으로 나누어 볼 수 있다.

(1) 스캘프 트리트먼트의 목적

① 비듬을 제거하고 방지한다.
② 혈액순환을 왕성하게 하여 두피의 생리 기능을 높인다.
③ 모근에 자극을 주어 탈모를 방지하고 모발을 성장(成長)하게 한다.
④ 때나 먼지 등을 제거하여 두피를 청결하게 하고 두피의 성육(成育)을 도와준다.
⑤ 두피나 모발에 지방을 보급하여 모발을 윤기 있게 해준다.

(2) 스캘프 트리트먼트의 특징

스캘프 트리트먼트의 기술 과정을 살펴보면 물리적인 방법과 화학적인 방법으로 나눌 수 있다.

① 물리적 방법으로는 두피에 물리적 자극을 주고 두피 및 모발의 생리 기능을 건강하게 유지하는 방법이 있다. 브러시나 빗을 응용하는 방법, 스캘프 머니퓰레이션에 의한 방법, 스팀 타월 또는 헤어 스티머 등의 습열 또는 전류·자외선·적외선 등을 이용한 방법들도 포함된다.
② 화학적 방법에는 양모제를 사용해서 두피나 모발의 생리 기능을 유지하는 방법이 있다. 양모제의 종류로는 헤어 로션, 헤어 토닉(hair tonic), 베이럼(bay rum), 헤어 크림 등이 있다.

(3) 스캘프 트리트먼트의 종류

① 플레인 스캘프 트리트먼트(Plain Scalp Treatment): 두피가 보통 상태일 때에 하는 방법이다.

② 드라이 스캘프 트리트먼트(Dry Scalp Treatment): 두피의 지방이 부족하여 건조한 상태일 때 하는 방법이다.

③ 오일리 스캘프 트리트먼트(Oily Scalp Treatment): 두피의 지방분이 너무 많을 때 하는 방법이다.

④ 댄드러프 스캘프 트리트먼트(Dandruff Scalp Treatment): 비듬 제거를 위한 두피 손질 방법이다.

두피관리 기기

1. 두피관리 기기 사용 목적

① 두피 및 모발의 생리적·병리적 원인을 파악하고 치료하는 데 도움을 준다.

② 건성 두피, 지성 두피, 민감성 두피, 비듬성, 탈모 경향 등의 두피의 이상 증상의 문제점을 정확히 파악하고 관찰하여 치료하는 데 도움을 주기 위함이다.

③ 두피와 모발에 문제 발생 시 퍼머넌트 약, 염색약 등을 두피와 모발에 적당한 시간과 사용 방법 등이 적당한지 모색하기 위함이다.

④ 두피와 모발에 적당한 샴푸, 린스, 트리트먼트제를 사용하고 있는지 체크하여 건강한 두피와 아름다운 헤어스타일을 지니도록 도움을 주기 위함이다.

2. 두피 진단 순서

① 관찰하고자 하는 두피에 현미경 250배 렌즈를 직각이 되도록 올려서 렌즈를 아주 천천히 돌려주면서 초점을 맞춘다.

② 진단 부위는 전두부, 두정부, 좌·우 측두부, 후두부 순서로 진단한다.

③ 모공 상태가 열렸는지, 닫혔는지, 건성, 지성, 민감성, 비듬성(건성 비듬, 지성 비듬 등) 탈모 경향 등을 세밀하게 관찰한다.

④ 두피가 경직, 유연 등을 살피고 두피 색이 투명, 황색, 붉은 기운 등을 관찰한다.

3. 모발 진단 순서

① 관찰하고자 하는 부분의 모발을 잡아 평평하게 잡고 손바닥 위 혹은 검지나 중지 손가락 위에 얹고 조금 당기듯이 텐션(tension)을 주고 현미경 800배율 렌즈가 관찰 면과 직각이 되도록 하여 천천히 움직여 가면서 초점을 맞춘다.

② 관찰하고자 하는 모발 섹션을 잡고 모근, 모간, 모선으로 관찰한다. 관찰하는 부위는 전두부, 두정부 좌·우, 측두부, 후두부 순서로 관찰한다.

③ 모발의 상태를 관찰하여 진단 카드에 기록한다.

- 굵은 모, 중간 모, 가는 모, 직모, 파상 모, 축모
- 지성, 중성 건성, 탈모성
- 펌(웨이브/스트레이트) 모, 염색 모, 탈색 모, 미처리 모
- 백모 정도(0%, 30%, 50%, 100%)
- 길이(쇼트, 미디움, 롱)
- 두피 쪽 신생 모발의 손상 정도(건강, 약한 손상, 강한 손상)
- 모간 중간 부위의 손상 정도(건강, 약한 손상, 강한 손상)
- 모발 끝부분의 손상 정도(건강, 약한 손상, 강한 손상)

4. 두피 & 모발 진단기기 사용법

두피 모발 진단기기 사용 방법은 두피와 모발에 나타나는 여러 가지 비정상적인 문제점, 탈모, 지성, 건성, 비듬, 민감성 등을 조사 관찰한다. 전문적으로 측정하고 고객의 눈으로 직접 모발과 두피의 상태를 확인하게 마이크로 카메라로 측정하면서 TV 모니터로 보여 준다. 문제점에 대해서 관심을 가지고 트리트먼트에 관한 설명을 전문인으로서 할 수 있어야 한다.

① 모발을 섹션으로 나누어 두피에 마이크로 카메라를 직각이 되게 잡는다.

② 두피의 상태에 따라 건성, 민감성, 지성, 비듬성 등으로 구분하여 라인별로
　관리를 적당한 제품을 선정하여 관리한다.

③ 두피상태에 따른 모발 밀도에 대한 평가는 사용된 렌즈에 따라서 프레임 안
　에 셀 수 있는 모낭의 수를 검사하는 것으로 50배 렌즈로 보통 10~14개, 200
　배 4~5개, 400배 2개, 500배 1개 정도를 관찰할 수 있다.

(이동형, 방문 판매용)　　　(전문 업소용, 프린터 장착형)　　　(절약형, 일반 보급형)

메인컨트롤러　　　카메라　　　전용모니터　　　전용백　　　셋트왜곤

렌즈:피부용×50　　렌즈:두피용×250　　렌즈:모발용×800　　렌즈:스타일측정렌즈　　진단기용 프린터

주) 뷰토피아: 두피 및 모발 진단기

| 두피 및 모발 진단기 |

5. 관리기기 종류

1) 스티머(Steamer)

① 종류: 헤어 스티머

② 사용 목적: 모발 염색, 스캘프 트리트먼트, 헤어 트리트먼트, 미안술 등

③ 사용 효과: 모발과 두피에 따뜻한 수분을 공급한다. 두피에 오래된 각질을 제거하고 모공을 열어 클렌징 약액이 쉽게 작용하게 한다.

④ 사용 방법: 작동이 쉽고 간단하다. 건성 두피 10분, 비듬성 15분, 민감성 7분 정도로 처치

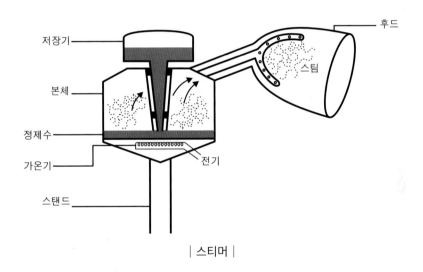

| 스티머 |

2) 히팅(Heating Cap)

① 종류: 히팅(heating cap)

② 사용 목적: 두피 손질(스캘프 트리트먼트), 모발 손질(헤어 트리트먼트), 가온식(퍼머넌트 웨이브 시술 시)

③ 사용 효과: 혈액순환과 호르몬 촉진, 탈모, 비듬 등에도 효과가 있다. 특히 문제가 있는 부위, 즉 두피에 가깝게 사용할수록 효과가 높다.

④ 사용 방법: 소프트 바이오빔(soft bio-beam), 모발의 재생과 성장을 촉진한다.

3) 두피 마사지기

① 종류: 마사지기

② 사용 목적: 피부를 자극하여 혈액순환과 기초 대사량 증가로 두피 상태를 개선시켜 준다.

③ 사용 효과: 피지선을 자극, 두피를 윤택하게 한다. 목, 어깨, 근육 마사지로 긴장된 근육과 신경을 풀어 기분을 전환시켜 준다.

④ 사용 방법: 손으로 잡고 사용이 간편하다. 피부 조직에 맞는 강도 조절을 하고 관리 시간은 5~15분이 적당하다.

4) 뷰티콤(Beauty Comb)

① 종류: 마사지 브러시

② 사용 목적: 모세혈관 자극, 비듬 제거, 세포 활성

③ 사용 효과: 고주파 전류가 발생되어 살균, 소독, 진정 효과

④ 사용 방법: 브러시 형태의 유리관으로 두피와 모발에 사용한다. 강도 조절이 가능하고, 사용 방법이 쉽고 간단하다.

5) 적외선 램프

① 종류: 근적외선

② 사용 목적: 광선에 의한 혈액순환 촉진, 세포대사의 활성화

③ 사용 효과: 제품의 흡수를 돕고 두피를 청결하고 건강하게 회복시킨다.

④ 사용 방법: 모발과 두피 상태에 따라 5~10분 사용한다.

| 적외선 램프(Infra-red lamp) |

6) 프린트기(Printer)

① 종류: 프린트기

② 사용 목적: 진단기를 통해서 관찰한 두피 및 모발의 상태를 출력하여 기초로 사용

③ 사용 효과: 두피와 모발의 상태를 정확하게 판단하여 필요한 제품의 선택이 용이하다.

④ 사용 방법: 원하는 두피나 모발의 상태를 정지 화면으로 고정하여 다양한 크기로 출력 가능하다.

7) 확대경

① 종류: 확대경

② 사용 목적: 확대경을 통해서 관찰한 두피 및 모발의 상태를 정확하게 판단한다.

③ 사용 효과: 두피와 모발의 상태를 정확하게 판단하여 필요한 제품의 선택이 용이하다.

④ 사용 방법: 두피의 각질이나 비듬 상태, 염증 등 전체적인 두피와 모발의 상태를 확대경을 사용하여 육안으로 확인한다. 렌즈의 배율을 20배로 확대경을 이용하여 모발의 섹션을 조금씩 떠가면서 관찰할 수 있다.

8) 두피 진단기(Microscope)

① 종류: 모발 측정기
② 사용 목적: 진단기를 통해서 관찰한 두피 및 모발의 상태를 출력하여 기초로 사용
③ 사용 효과: 두피와 모발의 상태를 정확하게 판단하여 필요한 제품의 선택 시 기초 자료가 된다.
④ 사용 방법: 원하는 두피나 모발의 상태를 광학 현미경으로 피부 진단 시 30~50배율 렌즈를 사용하고 두피 진단에는 250~300배율 렌즈를 사용하고 모발 진단에는 650~800배율 렌즈를 사용한다. 두피와 모발을 보다 자세하게 손상을 관찰할 수 있다. 두피 상태, 모공의 상태, 모발의 큐티클의 상태 등을 관찰한다. 렌즈가 관찰면과 수직이 될 때 초점이 정확히 맞추어 관찰한다.

9) 고주파 전류 미안기

고주파란 파장이 짧은 전류로 피부에 대해 강한 자극 작용을 주는 것이다. 인체에 유효한 작용을 하도록 하여 여러 가지 치료에 사용되고 있다.

효과: 살균 및 소독, 혈액순환, 모세혈관 자극, 제품 흡수 촉진, 피지량 조절, 두피 세포조직 강화해 준다.

| 고주파기 |

10) 갤버닉 전류 미안기

갤버닉 전류는 직류 전류라고도 한다. 직류 전류가 산(酸) 또는 염(鹽)이 포함된 용액 속을 통과할 때 일어나는 화학변화 작용을 인체에 응용하여 피부의 건강을 유지하게 하는 역할을 하는 것이다. 이탈리아 해부 학자 갤버닉(Galvani: 1737~1798)에 의해 발견된 것이다.

11) 패러딕 전류 미안기

패러딕 전류는 감응 전류라고도 한다. 코일에 의해서 얻어지는 감응 때문이다. 영국의 화학 물리학자 패러디(Farady: 1791~1867)의 발견에 의한 것이다.

12) 적외선

세포를 자극하여 두피 대사를 활성화시키고 혈액순환을 촉진하여 모모세포에 영양과 산소를 공급한다. 이동식 높낮이 조절가능하고 타이머가 부착되어 관리가 쉽고 강약 조절이 가능하다.

13) 원적외선

에너지파의 일종으로 눈에 보이지 않는 파장이며, 적외선을 근적외선, 중적외선, 원적외선으로 나누어 설명할 수 있다. 근적외선은 0.76㎛로(가시광선 쪽으로 인접)이고 원적외선은 5.6~1.00㎛(마이크로파에 쪽으로 인접)이다. 빛이 공기를 통하지 않고 직접 물체에 도달하는 것이다. 고유 진동과 공명으로 흡수되어 분자 에너지를 높이는 효과로 피부미용 및 비만, 혈액순환 및 체질 개선에 효과가 있다.

14) 고주파 기기

두피 자극, 각질과 비듬 제거 등에 용이하다.
- 살균과 진정작용
- 제품의 흡수를 돕는 역할을 하고 모발과 두피에 물기를 완전히 제거한 다음에 사용한다.

15) 적외선 등(赤外線 燈)

적외선은 전자파의 일종으로 열선이라고도 한다. 물체에 닿으면 흡수 또는 흡수된 에너지를 직접 열로 변환되어 물체의 온도를 상승시킨다. 이완을 촉진시키기 위한 일반적인 열관리와 통증이나 긴장감을 풀어 주기 위한 국부 관리에 주로 사용한다. 적외선이 흡수되면 신체 조직에 열이 전달되고 신진대사율을 증가시키며 혈액 유입의 증가로 직접적인 혈관 확장의 효과를 유발한다.

16) 자외선 등(紫外線 燈)

자외선 등은 피부의 노폐물을 배설 촉진하고 비타민 D를 생성하는 등의 자외선의 작용을 미용 기술상에 이용한 것이다.

17) 바이브레이터(Vibrator)

바이브레이터는 전기 진동기를 말하며 기계적 진동을 근육과 피부에 주어 혈액 순환과 신진대사를 높이고 지각신경을 자극하여 쾌감을 준다. 전신에 이용하는 것과 부분적으로 사용할 수 있는 것이 있다.

CHAPTER 10

아로마를 이용한 두피관리 방법

1. 아로마테라피(Aromatherapy)의 정의

아로마테라피(aromatherapy)란 향, 냄새로 몸과 마음에 이로운 향으로 치료 혹은 향기 요법으로 대체요법의 하나로 적용되고 있다. '아로마(aroma)'는 그리스어로 '향료'에서 유래된 좋은 향기라는 뜻이며, '테라피(therapy)'는 요법, 치료라는 뜻으로 아로마테라피는 좋은 향기 치료라는 합성어이다.

아로마테라피는 각종 방향성 식물의 뿌리, 줄기, 열매, 꽃, 잎에서 식물의 기(氣)를 추출한 에센셜 오일을 이용하여 향기 요법이나 마사지 요법을 통해 인체에 식물의 에너지를 공급되게 하는 것이다. 대체의학의 한 부분으로 두피 및 모발 마사지, 스파, 스킨 케어 등에 폭넓게 적용되고 있다.

2. 아로마테라피(Aromatherapy)의 역사

아로마테라피는 약 6,000여 년의 역사를 가지고 있으며, 고대 이집트에서는 사체의 부패 방지를 위해 에센셜 오일을 사용하였다. 클레오파트라는 재스민과 로즈 등의 에센스 오일을 향수나 피부 미용에 사용하였다는 기록이 있다고 한다. 또한, 인도의 전통적인 의학 책인 《아유르베다》는 식물 추출물과 에센셜 오일에 관하여 기록이 되어 있다. 중세시대에는 전염병이 유행할 때 아로마 식물을 태워 살균, 소독 효과를 보았다고 한다. 19세기 산업 발달과 함께 의학계의 발달로 에센셜 오일이 대량생산으로 보급되면서 의학계에 널리 알려지게 되었는데, 살펴보면 다음과 같다.

1) 이집트

이집트의 향유 요법은 6,000년의 역사를 가지고 있으며 허브 식물을 약용, 식용, 미용, 의식용으로 사용했던 것으로 알려져 있다. 파피루스의 기록에 의하면 식물에서 추출한 여러 가지 성분들을 이용해 연고, 약용 크림 등을 만들어 사용했다. 고대 이집트 사원은 종교 행사를 주관하였으며, 향을 연구하고 배합하는 역할을 한 그림과 기록들이 사원에 남아 있다고 한다. 섬기는 신들에게 향을 태워 원하는 마음들이 전달된다고 믿으며 신성한 물질로 사용하였다. 또한, 사체가 부패하지 않도록 사용하였으며, 미라를 만들어 안치할 때 방부 처리로 사용하였다고 한다.

2) 그리스

그리스 시대에는 의학의 아버지로 알려진 히포크라테스가 이와 관련된 과학적 연구를 발표하여 방향 마사지와 방향 목욕의 효과와 과학적인 접근 방법으로 널리 알려지게 되었다.

3) 로마

로마 시대에는 상처 치료용으로 고약을 만들어 사용하였으며, 방향, 식용 및 향신의 목적으로 사용되었다고 한다.

4) 13~17세기경

13~17세기 사이 아랍에서는 수많은 과학자가 배출되었는데 아로마 역사에서 중추적인 역할을 한 아비세나(Avicenna, AD 980~1037)는 장미 연구에 대표적인 과

학자였으며, 순수 에선셜 오일과 아로마 증류수를 생산하는 증류법의 아버지라고 알려지고 있다. 영국에서 라벤다를 재배하여 라벤더워터가 일반 대중에게 알려지며 활용되었고, 프랑스 등 각 나라에 향기 문화가 발달하게 되었고, 에센셜 오일의 살균, 소독 효과로 전염병의 예방에 사용되었다.

5) 19~ 20세기

향수의 나라 프랑스에서 르네 모리스 가트포세(Rene Maurice Gattefosse, 1881~1950)는 프랑스인 화학자가 향수 제조공장 실험실에서 향을 배합하는 실험을 하다가 실수로 손에 화상을 입었는데, 순간 급한 마음에 옆에 있던 라벤더 오일통에 손을 담갔다. 그런데 놀라울 정도로 화상으로 인한 통증과 흉터가 줄어든 것이 시초로 1928년 처음으로 현대 의학적 치료 개념으로서의 아로마테라피(Aroma Therapy, 아로마 요법 혹은 향기 요법)라는 용어를 최초로 사용하기 시작되었다. 라벤더 꽃에서 추출한 오일이 화상 치료에 탁월한 효과를 발휘한다는 것을 확인한 후 각종 방향성 식물의 잎, 꽃, 줄기, 뿌리, 씨앗 등에서 추출한 오일을 증류법으로 에센셜 오일이 소독, 살균, 진정, 소염 등의 효능이 입증되어 '아로마(방향)+테라피(치료)'라고 천연오일의 치료 효과가 알려지게 되었다.

3. 아로마테라피의 작용

대자연 속에서 마음이 편안해지는 것을 느낄 수 있으며 아름다운 식물을 바라보는 것으로도 마음의 휴식과 청량감을 준다.

식물의 꽃, 잎, 줄기, 뿌리, 열매로부터 에센셜 오일을 추출하여 마사지 요법·흡입·입욕법·스팀·램프 혹은 방향 요법 등으로 정신적, 신체적, 감성적으로 인체의 생리 리듬을 활기 있게 해주는 것이다.

식물에서 추출한 물질 중에서 휘발성이면서 독특한 향을 발산하는 정제된 식물의 중추적 기능을 호르몬과 같이 인체에서 생리적 활성화를 주는 작용을 말한다.

에센셜 오일을 인체에 흡수시키는 다양한 방법이 있지만, 그중 두피에 적용할 수 있는 경로를 보면 다음과 같다.

1) 흡입 경로

흡입은 후각과 호흡기계를 통하여 빠르게 인체에 흡수되는 방법이다. 아로마 에센셜 오일의 인체 흡수 경로 작용은 신경화학 물질이 뇌하수체에 영향을 주고 호르몬 분비를 조절하고 밸런스 유지를 하게 한다. 몸과 마음에 강한 자극을 주어 소화기관 대사 기능에 영향을 주고 신경작용으로 진정과 이완작용을 하여 건강하게 한다.

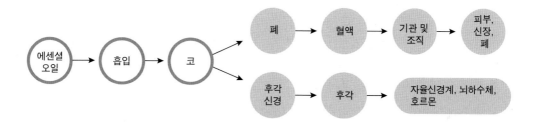

2) 두피 및 피부 마사지

피부 경로로 에센셜 오일은 미세한 분자 구조로 모공과 땀샘을 통해서 피부세포에 침투되어 피부의 진피층까지 흡수된다. 모세혈관과 림프순환을 통하여 전신을 순환하며 치유한다. 에센셜 오일 → 브랜딩 오일 → 에센셜 오일 + 케리어 오일 → 피부 → 모세혈관 → 혈액, 기관, 조직 → 피부, 신장, 폐 등으로 연결된다.

아로마 오일이 두피관리에 효과적인 부분은 혈액과 림프순환을 촉진시키고 모낭에 산소와 영양을 공급하여 세포의 수를 증가시키며 탈모를 예방하고 두피와 모발을 유연하게 함으로써 모발의 손상을 개선한다. 대사작용과 노폐물 배출을 통해 두피를 청결하게 하여 지성 모발, 비듬성 모발을 건강하고 아름다운 모발로 가꾸는 데 도움을 준다. 또한, 항균, 방부, 소독작용, 생리작용(신경계, 내분비계, 면역계), 방향작용, 심리작용에도 도움을 준다.

4. 아로마 오일의 두피관리 필요성

환경 오염과 잦은 퍼머나 염색으로 손상된 모발과 두피를 자연치료 요법으로 모발과 두피관리를 하는 것이다. 자연 식물들 중에서 인체 건강에 도움이 되는 향이 있는 식물의 꽃, 줄기, 뿌리, 열매, 씨앗 등으로부터 추출한 물질들을 정제한 것으로 두피관리에 이용하는 것이다. 문제성 두피, 민감성 두피, 스트레스성, 탈모성 등의 두피와 모발에 환경오염으로 손상된 모발, 화학적 손상 모발에 정제된 식물의 기를 주어 보호하고 윤택하고 아름다운 건강을 주는 것이다.

5. 아로마 오일의 사용법의 종류

1) 램프 확산법

발향 버너, 발향 램프 등을 이용해 실내를 발향해 주는 방법으로 주로 분위기 연출 효과나 전염병의 확산을 막기 위하여 사용한 방법이다. 발향 용기는 세라믹이나 유리병으로 사용하는 것이 좋으며, 100ml의 물에 10방울 정도의 오일을 떨어뜨려 사용한다.

2) 목욕법

마사지를 통해 피부로 오일이 흡수되는 경로와 증기 흡입으로 뇌와 폐로 오일이 침투되는 경로로 동시에 할 수 있는 방법으로 이용되는 목욕법이다. 먼저 샤워를 하여 몸을 데운 후 욕조에 알맞은 온도로 물을 채운 뒤 에센셜 오일 3~6방울을 떨

어뜨려 잘 섞은 후 입욕한다. 목욕법은 혈액을 촉진시키고 모낭 내에 산소와 영양
분을 공급함으로써 탈모를 예방할 수 있는 방법이다.

3) 마사지법

적당한 캐리어 오일에 에센셜 오일을 약 2~3% 정도로 희석하여 신체 각 부위를
마사지해 주는 방법이다. 마사지를 통해 자극하여 대뇌의 엔돌핀을 촉진시키고 시
술자와 고객 간의 정신적 신뢰감을 강화하고 정신적 스트레스의 해소에 효과적이
다. 또한, 마사자지를 통한 림프순환의 활성화로 면역력이 증대해 두피관리에 많이
활용된다.

4) 증기 흡입법

증기 흡입법은 아로마 향이 흡입을 통해 후각신경으로 대뇌변연계(limbic
system)로 직접 신호가 전달되는 것이다. 감정과 기억을 관장하고 호르몬 중추 역
할을 하는 대뇌변연계가 자극되어 정서적 안정이 되게 호르몬 분비가 활성화된다.
두피관리 시에 램프를 피워 향을 흡입하게 하면 효과적이다.

5) 족욕법

발의 피로회복, 무좀과 무릎관절 등의 치료에 효과를 볼 수 있는 방법이다. 입욕
법으로 세면기나 대야에 물을 채우고 오일을 3~4방울 떨어뜨려 잘 섞은 다음 발목
까지 15분간 담가 편안하게 즐길 수 있다. 주 3~4회 1달 이상 시행하는 것이 효과적
이다.

6. 선택 기준 및 보관법

1) 선택 기준

피부에 직접 바르거나 호흡기를 통해 흡입하는 방법으로 사용되며 천연오일을 선택한다.

품명, 학명, 추출 부위, 추출 방법 등을 체크한다.

수입원이나 주의사항이 기재되어 있는지도 확인한다.

오일 병은 드롭퍼(dropper)가 부착이 되어 있으며 자외선을 차단할 수 있는 갈색 또는 불투명한 유리병 용기인지 확인한다.

종류가 많은 만큼 향이나 효과도 다양하므로 치료 등의 특별한 목적이 아니면, 사용자(고객)가 좋아하는 향을 선택하도록 한다.

2) 보관 방법

직사광선을 피하고 통풍이 잘되며, 온도 변화가 없는 15~20℃가 적당하다.

개봉하지 않은 제품은 약 2년, 개봉한 것은 1년 정도, 톱노트(top note) 오일은 향의 변화가 빠르므로 가능하면 6개월 이내에 사용하는 것이 좋다.

7. 에센셜 오일 사용 시 주의사항

• 에센셜 오일은 허브 같은 특별한 효능이 있는 식물의 꽃과 잎, 열매, 뿌리 등에서 추출한 순도 100%의 에센셜 오일을 식물의 호르몬이라고 할 수 있다. 한 식물에서 아주 적은 양을 추출할 수 있으며, 몇 방울로도 큰 활력의 효과를 얻을 수 있다.

• 에센셜 오일은 순도가 매우 높고 고농축 된 것이기 때문에 병에 직접 코를 대지 않고 조금 멀리 손바닥으로 코로 향이 올라오게 바람을 일으켜 향을 맡도록

한다.

- 민감성 피부나 알레르기가 있는 사람은 패치 테스트를 반드시 한 후 사용한다.
- 에센셜 오일을 피부에 직접 바르면 염증을 일으킬 수 있다(라벤더 오일은 예외적으로 피부에 직접 발라도 된다). 오일이 눈, 코, 입 등 피부가 약한 곳은 피한다.
- 감귤계 오일은 광과민성 반응을 일으키므로 사용 후 3~4시간 이내에는 자외선에 노출되지 않게 한다.
- 향기 요법은 정맥류나 심장병, 천식, 암 등이 심하거나 급성 구역질 증상, 발열, 노인이나 임산부도 사용을 주의해야 한다. 또 3세 이하의 유아에게는 가능하면 사용을 금하며, 어린이에게는 어른 용량의 1/3 정도를 패치테스트 후 이상이 없을 때 사용하는 것이 바람직하다.
- 같은 오일을 3개월 이상 사용하지 않는 것이 좋다.
- 2~3개월 사용 후 2개월은 휴식 기간을 둔다. 휘발성이 강하므로 불 가까이 두면 화재의 위험성이 있다.
- 마개를 반드시 닫아 놓는다.
- 어린이 손이 닿지 않는 곳에 둔다. 원액을 바르거나 먹는 것은 금물이다.
- 에센셜 오일을 먹는 것은 대단히 위험하다(강산이기 때문). 서늘하고 건조한 곳에 보관한다.

8. 아로마 오일의 추출 방법

1) 증류법(Distillation)

가장 일반적으로 활용되고 있는 추출 방법으로 뜨거운 물이나 수증기를 이용하여 오일을 추출하는 방법이다. 증류법은 대량으로 아로마 오일을 추출할 수 있는 장점이 있지만, 고온에서 성분에 따라 열에 의해 쉽게 변질되는 단점이 있다.

2) 압착법(Expression)

오렌지, 라임, 버가못, 레몬, 만다린 등 시트러스(citrus) 계열 열매의 내피를 기계로 압착해서 오일을 추출할 때 사용하는 방법이다. 압착법으로 성분이 파괴되는 것을 막기 위하여 열매 내피를 저온 상태에서 압착하기 때문에 냉각압착법(cold expression)이라고도 한다.

3) 용매 추출법(Solvent Extraction)

식물에 함유되어 있는 매우 적은 양의 향유를 추출하거나 수증기에 녹지 않는 향유를 효율적으로 추출하기 위하여 유기용매로 사용하는 것이다. 에센스 오일 추출에 사용되는 용매(solvent)는 헥산(hexane) 같은 화학용매(chemical solvent) 외에도 고체 오일(solid oil), 지방(fat), 이산화탄소(carbon dixoide) 등도 사용된다. 에센스 오일은 미세한 향(fragrance)을 가진 원료에 사용되는 용매 추출 과정에서는 밀랍(wax), 색소(pigment) 등의 식물성 원료의 비휘발성(non-volatile) 성분도 추출되는데, 일부이긴 하지만 별도의 과정을 거쳐 이 성분들을 제거하기도 한다. 수지 성분으로 구성된 식물성 원료의 추출은 용매 추출법으로 침용법, 냉침법, 용매법, 초임계 이산화탄소 등이 있다.

(1) 침용법(Maceration)

침용 추출법은 뜨거운 오일에 꽃잎을 담가 꽃의 세포막이 파괴되며, 이를 통해 흘러나오는 에센스를 뜨거운 오일이 흡수하게 하여 정제 과정을 거쳐 순수한 에센스 오일을 얻을 수 있다.

(2) 냉침법(Enfleurage)

냉침법은 침용법과 일부 같은 과정이 있으나, 적용 방법에서 냉침법에서는 테

두리가 있는 깨끗한 유리판 위에 냄새가 없는 채소나 동물성 지방 위에 추출하려는 식물성 원료를 펼쳐 놓고 추출하는 방법이다. 이를 수일 또는 몇 주간 식물성 에센스가 흡착되게 하는 과정을 반복하여 지방과 에센스가 혼합된 물질을 알코올을 이용하여 추출한 후, 알코올을 증발시키고 에센스 오일을 얻게 된다. 이 추출법은 노동력과 비용 면에서 많이 사용되지 않고 있다.

(3) 용매법(Solvent)

용매법으로 추출된 에센스 오일은 상당히 농축된 상태이기 때문에 원료가 가진 자연 그대로의 향에 가깝다. 석유 에테르(petroleum ether), 메탄올(methanol), 에탄올(ethanol), 헥산(hexane)과 같은 성분을 사용하여 재스민(jasmine), 히아신스(hyacinth), 수선화(narcissus), 월하향(tuberose) 등 증기증류의 열에 민감한 원료에 사용된다. 벤젠(benzene)을 용매로 사용했을 경우 잔류용매는 6~20%이지만, 헥산(hexane), 탄화수소(hydrocarbon)를 사용했을 경우에는 잔류용매는 약 10ppm으로 아주 낮은 수준이다. 벤젠(benzene)은 발암성 물질로 현재는 용매로 사용되지 않고 있다. 용매법으로 에센스 오일을 추출한 식물성 원료는 '콘크리트(concrete)'라 불리는 방향성 밀랍 물질(waxi aromatic compound)을 생성한다.

(4) 초임계 이산화탄소(Hypercritical Carbon Dixoide)

초임계 이산화탄소를 이용한 에센스 추출법은 비용이 많이 드는 단점은 있지만, 고품질의 에센스를 얻을 수 있는 장점도 가지고 있다. 초임계(hypercritical)란 액체도 기체도 아닌 두 특성을 모두 가지게 하는 것으로 이산화탄소를 높은 압력 상태인 초임계 상태에서 에센스 성분을 추출하는 장비와 자본이 투자되어야 하는 단점이 있다.

4) 액체 이산화탄소 추출법

액체 이산화탄소 추출은 향유를 저온에서 추출하여 열에 약한 향유의 성분이 농축 되어 있는 장점이 있다. 이 추출법으로 추출한 향유는 다른 불순물이나 이물질이 함유되어 있지 않는 장점이 있지만, 생산가 가격이 비싸기 때문에 의료용 외에는 거의 이용하지 않고 있으며, 고농축 되어 발휘성이 강한 단점이 있다.

9. 정유의 추출 부위

추출 부위	효능	에센셜 오일 명칭
꽃	항우울, 성욕 증가	재스민, 로즈
잎	호흡기 질환	티트리, 유칼립투스
과일 껍질	기분 전환, 원기 왕성	오렌지, 마다린, 레몬, 베르가모트
열매	해독작용	
나무	비뇨, 생식기관 치료	
수지	소독, 살균, 호흡기질환	
뿌리	신경 계통 진정	진저

10. 에센셜 오일의 배합 기술

배합 기술(blending technique)은 향유의 지속적인 상승 효과를 얻기 위하여 향(냄새) 강도와 휘발성의 관계를 고려하여야 한다.

※ 1ml = 20방울

1) 향의 강도(Odor Intensity)

향유를 혼합할 때는 향의 강도가 약한 것과 강한 것을 고려하여 혼합할 때 양을 조절하여 혼합하여야 한다.

2) 휘발성(Evaporation Rate)

향의 증발 속도에 일반적으로 30분 이내에 향이 모두 증발하는 것을 상향 노트(top note), 30분~24시간의 증발 속도의 휘발성은 중향 노트(middle note), 24시간 이상 증발하는 것은 하향 노트(base note)라 한다.

(1) 상향(Top Note)

향의 증발 속도가 발산되는 향기가 강하고 빠른 속도로 휘발되는 상향 노트는 신선하고 달콤한 향으로 정신과 신체에 가장 자극적으로 작용하며 강한 활력성이 있다. 전체 향의 20~30%로 오렌지, 레몬, 페퍼민트, 베르가모트, 일랑일랑, 유칼립투스, 바질, 티트리 등 주로 감귤계 민트계의 오일이다.

(2) 중향(Middle Note)

30분~24시간의 정도 향이 지속되며 감정 일치, 마음의 정화를 시켜 주며 소화, 생리, 신체의 일반적인 대사기능에 영향을 준다. 전체 향의 40~80%로 로즈, 네롤리, 클라리세이지 등이다.

11. 모발과 두피에 적용되는 에센스 오일

에센스 오일은 미세한 분자 구조로 모공과 땀샘을 통하여 피부에 흡수, 모세혈관, 림프순환을 통하여 전신으로 확산 순환하게 된다.

Essential Oil	기 능	효 과
바질(Basil)	두통과 호흡기 장애에 효과, 집중력 강화	혈액순환 촉진, 두통, 탈모성 두피
베르가모트(Bergamot)	심신 안정과 우울한 마음에 진정 효과, 여드름과 뾰루지에 효과	민감성 두피에 진정작용, 지성 두피
캐모마일 로만 (Chamomile Roman)	진정 효과가 우수하고 통증 완화에 효과적	건성 두피, 알레르기 두피
시나몬(Cinnamon)	소독작용이 아주 우수하고 생리통에도 효과	비듬성 두피
시다우드(Cedarwood)	긴장을 완화시키고 명상 시 사용이 효과적	지성 두피, 비듬, 염증
사이프러스(Cyress)	진정작용과 혈관 수축	지성 두피
펜넬(Fennel)	셀룰라이트 분해와 주름 방지와 피부 재생에 효과적	민감성 두피, 염증
히솝(Hyssop)	저혈압 상승과 피부 상처에 효과	염증 두피
네롤리(Neroli)	스트레스 진정작용	노화, 민감성 두피
제라늄(Geranium)	림프순환 촉진, 신경안정	탈모성, 비듬 두피
주니퍼(Juniper)	독소 제거, 비만 관리에 효과	지성 두피
라벤더(Lavener)	가장 널리 사용되는 에센셜 오일이며, 진정과 이완 효과 피로회복, 세포 촉진	지성 두피, 탈모성 두피
레몬(Lemon)	집중력, 면역력, 피부 각질 제거	비듬 두피
로즈(Rose)	통증 완화, 모든 피부와 모발 관리에 널리 사용	모발 피부관리에 널리 사용
페파민트(Peppermint)	집중력 강화, 림프 자극, 정화작용	지성, 비듬성 두피
티트리(Tea tree)	흥분을 조절과 살균과 바이러스 감염에 효과	지성 두피, 염증 두피
일랑일랑(Ylangylang)	안정과 고혈압 조절	피지 조절, 고혈압

12. 모발과 두피에 적용되는 케리어 오일(Carrier Oil)

케리어 오일은 천연 식물성 오일로 아로마 에센스 오일을 희석하여 사용하는 것이다. 케리어 오일과 에센스 오일을 상태에 따라 브렌딩하여 피부에 바르거나 마사지할 수 있다. 아로마 흡수를 도와주며 피부를 부드럽고 촉촉하게 하여 준다.

Carrier Oil	특 성	적 용
아보카도(Avocado)	유분 수분이 많으며 침투력이 우수하고 지방 노폐물 분해에 효과적이다.	지성 두피
아몬드(Almond)	피부 연화제로 모든 피부에 마사지용으로 사용. 흡수력 우수하고 비타민 D가 많다.	건성 두피
이브닝 프라임 로즈 (Evening prime rose)	비타민과 미네랄이 풍부하고 피부 재생 및 피부 진정 효과	건성, 탈모성 두피
그레이프시드(Grapeseed)	포도씨 추출로 유분이 가장 작다.	지성 두피
코코넛(Coconut)	단백질과 식물성 피지 성분이 함유되어 있어 모발에 많이 사용	모발에 영양
헤이즐넛(Hazelnut)	비타민이 많이 포함되어 고 수렴 효과	모공 수축, 지성 두피
칼렌듈라(Calendula)	금잔화 추출로 알러지에 효과	예민성, 민감성 두피
호호바(Jojoba)	식물성 왁스로 미네랄 단백질 함유	건성 비듬

■ 브렌딩 방법

일반적으로 타입별 캐리어 오일 3~4ml에 타입별 에센셜 오일 1~2방울 혼합하여 사용한다. 특성에 따라서 에센셜 오일을 가감하여 사용할 수 있다.

13. 모발과 두피에 사용되는 에센셜 오일과 케리어 오일

두피상태 \ 기능	증 상	에센셜 오일	케리어 오일	기 능
건성 두피 · 손상 모발	모발에 윤기가 없고 푸석하고 다공성이다.	페파민트, 레몬, 로즈	코코넛, 호호바, 아몬드	모발에 영양 공급과 수렴작용으로 모세혈관 수축
민감성 두피	두피가 전반적으로 붉거나 옅은 분홍색을 띠고 있는 경우도 있다.	유갈립투스, 페파민트, 로즈우드	그리이프, 아몬드	면역기능 강화, 상처 재생 효과, 진정작용과 수분공급
비듬성 두피	건성 비듬 혹은 지성 비듬으로 두피가 가렵고 비듬이 보이고 두피에 각질층이 생겨 각질 덩어리가 관찰된다.	주니퍼, 클라리세이지, 티트리, 시다우드, 라벤드, 레몬, 페퍼민트	호호바, 아보카도	살균 효과, 세포 재생 촉진, 보 습효과, 림프 순환, 피지량 조절
탈모성 두피	모발이 전반적으로 가늘고 두피가 경직되어 있으며, 민감성 두피에 탈모 경향이 많이 관찰된다.	페파민트, 라벤더, 일랑일랑, 로즈메리, 바질	헤이즐럿, 칼렌듈라	림프 자극 신경계 강화, 세포 재생 효과, 모발 성장 촉진, 혈액순환 촉진, 스트레스 완화

14. 아로마 시너지 오일

아로마 시너지 오일이란 에센셜 오일이 각자의 향기와 치료 효과의 특징들을 가지고 있지만 2개 이상의 오일들을 혼합하여 다른 향과 작용들을 나타나게 하는 것이다. 두 개 이상의 오일들을 혼합하여 사용할 때 한 가지 작용보다 더 큰 상승 작용이 일어나게 하는 것이다.

synergy oil	특 성	Aroma oil의 종류
Sweet smell(방향)	두피 관리 시 주변을 따뜻한 분위기로 기분 좋게 하는 향이다.	Ylangylang, Orang seet, Geranium
Erotic balm(로맨스)	감성적인 향으로 초조하고 긴장된 마음을 풀어주고 마음의 안정을 준다.	Clary sage, Ylangylang, Jasmine
Femininity(여성 아로마)	여성의 생리장애에 도움을 준다. 불안한 마음이 호르몬 밸런스의 정상으로 건강을 회복하게 도와준다.	Rose, Chamomile roman, Clary sage
Clear head(상쾌한 머리)	머리를 맑게, 가벼움을 갖게 하며 두통이 없게 한다.	Peppermint, Rosemary, La-v-e-nder
Focus on(집중)	주의가 산만하고 학습 효과가 부족할 때 집중력을 향상시켜 준다.	Lemon, Basil. rosemary
Anti stress(스트레스)	신경을 강화시키고 감정을 조절하게 하고 스트레스 해소에 효과적이다.	Sandalwood, Lavender, Be--r-gamot
Breath easy (호흡기 곤란)	가슴 답답함을 해소하고 호흡을 원활하게 도와준다.	Eucalyptus, Pine, Tea tree
Honey dream(수면)	불면증이 있는 사람들에게 편안한 수면을 취할 수 있게 한다.	Chamomile roman, Marjoram, Lavender
Refresh(냄새 제거)	냄새 제거, 청결 효과, 기분 상승 효과가 함께 있다.	Lemon, Peppermint, Rosemary
Joint & Muscle Relief (근육, 관절 통증 완화)	근육통, 관절염, 류머티즘 등의 통증을 완화시켜 준다.	Juniperberry, Rosemary, Ma-rj oram
Baby smile (아기 정서 안정)	불안정한 아이들에게 정서적 안정을 찾게 한다.	Lavender, Chamomile roman, Mandarin

15. 아로마 피부 타입별 오일 효과

피부 타입별로 효과를 주는 아로마 천연의 에션셜 오일을 보면 피부에 활력과 탄력을 주는 건강한 피부를 간직하게 도와주는 아로마 피부 타입별 오일이다.

두피 · 피부 타입	타입에 따라 많이 사용되는 아로마 오일	작용
Dry(건성)	Clary sage, Gernium, Rosewood 등	피지 분비 효과로 건조한 피부에 유·수분을 공급해 준다.
Oily(지성)	Cedarwood, Gernium, Cyress, Pep-permint 등	과다한 피지 분비로 막혀 있는 모공을 깨끗이 하고 피지 분비 조절을 한다.
Sensitive(민감성)	Chamomil roman, Neroli, Fennel 등	외부 환경과 신체 내부로부터 손상되기 쉬운 피부에 면역력을 강화되게 한다.
Complex(복합성)	Clary sage, Cedarwood, Peppermint 등	피지와 유·수분의 밸런스를 촉진시킨다.
Acne(여드름)	Tea tree, Lavener	항염증 효과와 스트레스를 해소하게 한다.
Mature(노화)	Neroli	건조하고 주름진 피부에 탄력을 찾게 한다.

16. 아로마 요법

식물에서 추출한 엣센스 오일을 마사지, 흡입, 목욕, 훈증, 습포 부착 등을 통하여 생체 내 호르몬의 분비를 조절한다. 또한, 생체 리듬의 활력을 주어 질병의 치유에 도움을 주고 보다 건강한 생활로 아름다운 피부를 유지할 수 있게 한다.

생활 속의 향기 치료 요법으로 마사지 방법, 흡입법, 램프 확산, 목욕, 습포 부착, 훈증 요법이 있다.

1) 마사지(Massage or Topical Application)

마사지는 향기 치료로 에센스 오일을 사용하여 정서적으로 안정되게 하며 부분적으로 피부 보호 목적으로 사용도 가능하다. 신체 전반적으로 도움을 줄 수 있다. 피부 타입에 따라 식물성 오일 50ml에 에센스 오일 2~3ml를 잘 혼합하여 마사지할 수 있다.

2) 흡입(Inhalation)

흡입 방법은 코 가까이 할 수 있는 작은 용기 혹은 흡입기에 뜨거운 물 50ml에 에센스 오일 3~4방울을 넣어 증기가 코로 흡입하게 하는 방법이다. 코충혈에 특히 효과가 있다.

3) 램프 확산(Vaporiser/Oil Burner)

램프 확산법은 주로 불면증, 마음의 불안감이 있을 때 권할 수 있고, 정서적 안정과 분위기 연출에 효과적이다.

4) 습포 부착(Compress)

습포 부착 방법은 다양한 방법이 있지만 일반적으로 쉽게 할 수 있는 방법으로 뜨거운 물 100ml에 에센스 오일을 5~6방울을 넣고 타월을 적셔 통증이 있는 부위를 감싸주는데 타월이 식으면 다시 바꾸어 뜨거운 타월로 번갈아 준다. 관절이나 통증이 있는 부분과 근육통에 효과적이다.

5) 목욕(Bath)

따뜻한 물에 목욕하는 것으로도 혈액순환과 피로 회복에 많은 도움이 되지만 근육통, 누적된 피로를 효과적으로 풀어 줄 수 있는 방법으로 욕조에 8~10방울의 에센셜 오일을 넣고 잘 희석하여 욕조 안에 3~5분 혹은 개인에 따라서 가감하여 사용할 수 있다

CHAPTER

11

탈모에 관한 상담

1. 탈모관리 상담

1) 상담의 기본 조건

두피 모발관리 상담이란 상담자와 고객과의 대화를 통하여 고객의 두피 상태에 대한 문제점을 파악하고 올바른 정보와 지식을 전달하는 두피관리의 시작하는 단계이다. 고객의 욕구에 만족시키며 고객에게 맞는 서비스를 제공하기 위해서 상담자가 고객의 입장을 이해하며 합리적이고 효과적인 문제 해결 방안을 모색하여 신뢰하며 실천할 수 있게 도와주는 과정이다.

2) 상담의 기본 조건

상담의 기본 조건으로 상담자가 고객을 신뢰할 수 있게 하여야 하며, 편견 없이 진실하게 고객을 수용하고 이해하며, 존중하며 상담하는 것이 기본 조건이다.

① 신뢰(Trust): 고객에게 상담자가 가장 필수적인 것이 신뢰가 이루어지게 하여야 한다.
② 수용(Acceptance): 상담자의 편견 없이 고객의 문제점을 수용하며 인정하여야 한다.
③ 이해(Understanding): 고객의 경험, 감정, 고민 등의 문제점을 이해하여야 한다.

④ 존중(Respect): 고객과 상담자의 의견 차이가 있을 때는 고객이 원하는 것을 존중해 주어야 한다.

3) 두피관리 상담의 요소

① 상담자: 두피관리사 또는 두피 상담사
② 상담 고객: 방문 고객
③ 상담 목적: 사전 예방, 관리, 홈케어
④ 상담 문제: 문제성 두피, 지성 두피, 민감성 두피, 탈모 등
⑤ 상담 해결 방안: 문제 해결 방안 제시, 두피관리법 등

4) 상담자가 갖추어야 할 조건

① 인체 및 두피 생리
② 두발 화장품의 종류 및 사용 목적
③ 미용에 관한 기본적인 지식
④ 고객의 문제 해결에 관련된 건강 정보 등

5) 두피관리 상담자가 주의해야 할 사항

상담자는 고객과 상담 시 고객이 안정감을 가질 수 있도록 자연스러운 자세, 적당한 목소리와 단정한 자세로 고객의 말을 경청하며 귀 기울여야 한다. 다리를 꼬고 앉아 있거나 화려한 화장이나 액세서리는 피해야 하며, 상담자의 두발과 복장은 단정하고 깔끔해야 하고, 상담실의 위생과 청결 관리에 만전을 기해야 한다.

855555554555555555555555555

2. 고객 관리 과정

1) 고객 상담

두피관리 시술 전 단계에 해당하는 상담은 두피관리하는데 중요한 자료가 된다. 고객의 사후 관리에 있어서도 사용 제품의 특성 및 홈케어 방법을 알려줄 수 있는 중요한 자료가 된다. 특히 유전을 포함한 가족력, 생활습관 등은 고객의 두피, 모발 관련 문제점을 파악하는데 좋은 근거가 된다. 상담은 지속적으로 문제를 해결하는 과정으로 한 번의 상담으로 모든 문제를 해결하기는 어렵다. 고객 스스로 문제의 행동을 조절하여 개선하는 것을 목표로 하기 때문에 지속적인 상담이 필요하다.

2) 두피 진단

(1) 1차 진단: 시진, 촉진, 문진

① 시진: 눈으로 두피의 톤, 두피의 손상 여부, 각질과 피지의 상태와 분비량, 탈모의 진행 여부, 혈액순환 상태 등을 확인한다.
② 촉진: 두피를 직접 만져 보고 두피에 있는 땀, 피지, 각질과 두피와 모발의 탄력도와 경직 상태를 촉각으로 파악한다.
③ 문진: 고객과의 상담을 통한 답변을 통해 직업, 질병, 식습관 등을 파악하여 문제의 원인, 요인 등을 파악한다.

(2) 2차 진단: 두피 진단기로 측정

두피의 톤과 예민도, 탄력도, 피지와 땀의 분비 여부와 양, 모공 상태와 모낭충의 기생 여부, 모공당 모발 수, 모발의 밀도와 굵기, 모발 손상도 등 1차 진단을 통한 진단을 구체적으로 세밀하게 확정하는 단계이다.

3) 두피관리 프로그램 설정

두피관리 프로그램 설정이란 1차와 2차 진단을 통해 나타난 고객의 두피 문제의 원인을 어떤 식으로 관리할 것인가를 결정하는 단계이다.

4) 두피관리 중 고객과의 상담

두피관리 중 고객 상담이란 개개인에 맞는 두피관리 중 발생하는 고객의 불편 사항이나 두피관리 중 시술자와 고객과의 의사소통을 말한다.

5) 두피관리 프로그램

- 승모근 및 두부 이완: 두피 내 혈액순환을 촉진시켜 건강한 두피를 유지하고 모발의 성장을 촉진한다.
- 두피 스케일링: 두피를 진정시켜 노폐물과 피지, 산화 각질 등을 제거한다.
- 두피 세정: 두피와 모발 타입에 따른 세정제를 선택하여 사용한다.
- 두피 영양제: 두피 세정 후 알맞은 앰플과 트리트먼트를 도포한다.

6) 홈케어(사후관리)

두피·모발관리는 전문가의 관리 이후 일상의 관리가 매우 중요하다. 아무리 효과적인 관리를 받았다 하더라도 일주일 혹은 그 이상의 시간 동안 고객 스스로의 관리가 전혀 이루어지지 않는다면 전문가의 관리가 원상태로 돌아가게 된다. 두피관리를 받은 이후의 고객 스스로의 의지와 노력에 따라 두피관리의 성패가 달려 있기 때문에 고객 스스로의 노력이 절실히 필요하다. 고객 스스로 관리 방법을 터득하여 집에서 손쉽게 사용할 수 있는 제품 및 보조기구 등을 추천하여 다음 관리 때까지 두피·모발 상태를 유지 또는 개선하도록 한다. 이러한 면에서 두피관리의 마지막 단계로 홈케어의 중요성이 강조되는 것이다. 두피·모발 관리사(Trichologist) 및 두피·모발 상담사는 홈케어 제품은 물론이고 고객의 라이프스타일이나 주변 환경, 식생활 등도 사후관리해야 관리가 성공적으로 이루어지는 것이다.

3. 고객 상담 카드 작성 시 중요 사항

1) 생년월일

• 실제 나이와 현재 두피 상태를 비교할 수 있는 자료가 고객관리 차원에서 필요

2) 전화번호

• 관리 결과나 제품 사용 도중 생길 수 있는 부작용 등을 파악

3) 주소

• 두피관리에 대한 정보나 자료 등을 E-메일, 우편으로 발송할 수 있음

4) 연령

• 젊은 남성에게서 나타나는 탈모 증상은 빠르면 10대 후반에서부터 발생
• 남녀의 일반적인 경향은 나이가 들어감에 따라 머리숱이 적어지면서 탈모가 시작

5) 직업

• 직업 환경에 따라 피부에 영향을 줄 수 있으며, 여성의 경우는 폐경기에 이르러 남성형 탈모증을 보이는 경우가 발생

6) 성별

• 남성에게는 남성호르몬이 중요한 발증의 요인이 되는 남성형 탈모증이 있고, 여성에게는 여성호르몬을 요인으로 하는 산후의 탈모증 발생

- 남성형 탈모증은 때로는 갱년기의 여성에게 보이지만 남성에 비해 그 탈모 상
  태가 가벼운 것으로 증상은 남성과 같이 전두부에서 두정부에 걸쳐 모가 가늘
  어지고 짧은 모가 빠지는 것이 특징

7) 생활습관

- 식사 방법, 섭취 음식, 기호 식품 등을 파악
- 규칙적으로 운동을 하는지 파악

8) 알레르기 파악

- 특정 화장품, 금속, 햇빛 등과 같이 알레르기 원인이 되는 항원에 대해 파악

9) 유전적인 요인

- 두피 문제의 원인과 해결책을 찾는 데 도움이 된다.
- 가족 중에 유전성이 있는 경우는 진단의 참고가 된다.

(10) 발생 시기 및 원인

- 원형 탈모증과 같이 아무런 증상도 없이 갑자기 빠지는 경우와 다이어트에 의
  한 영양 부족으로 서서히 빠지는 경우 구분
- 퍼머 시술에 의한 단모 등은 일주일 이내에 나타나기 때문에 언제 퍼머를 했는
  지 파악
- 염 · 탈색에 의한 심한 접촉성 피부염에 의한 탈모는 약 2주 후에 그 증상이 나
  타나기 시작하고 또한 가벼운 피부병에 의한 경우는 한 달 지나서부터 머리가
  빠지는 것이 늘어나는 경우도 있기 때문에 증상의 시기와 원인을 파악, 피부
  질환, 피부 이상에 대해 기록

(11) 발생 시작부터 현재까지의 경과

- 탈모의 증상이 시작된 후 현재까지 증세의 경과를 관찰
- 증세가 서서히 또는 갑작스럽게 악화 또는 호전되는지를 확인

12) 현재의 상태(탈모 부위, 탈모의 진행 상태, 모발의 상태 등)

- 탈모의 부위나 진행 상태에 따라서 그 원인을 추정
- 두피 질환이나 두피 이상에 대해 기록
- 남성형 탈모증은 전두부에서 시작되어 모발의 수가 점점 감소하는 경향
- 탈모의 상태가 국부적으로 일어나는지 아니면 넓게 퍼져 탈모하는지를 파악

13) 모발의 두께와 길이

- 두껍고 긴 모발 사이에 가늘고 짧은 모발이 많이 섞여 탈모하는 경우 남성형 탈모증 의심
- 두껍고 짧은 모발이 많으면 단모의 가능성
- 갑상선기능 저하증, 비타민 A 과잉증, 다이어트 등에 의한 탈모의 경우도 단모 발생

14) 두피의 상태

- 두피의 이상이 탈모로 연결되는 경우도 많음
- 가려움과 발적을 동반하는 두부 습진과 지루성 피부염 등에 의해서도 탈모가 유발
- 비듬이 많거나 지성 두피의 경우 남성형 탈모증을 유발

15) 두부 외의 관찰 결과

- 남성형 탈모증의 경우 수염이나 팔다리의 체모가 증가
- 원형 탈모증의 경우 턱수염이나 눈썹이 탈모하는 경우가 발생

• 지루성 탈모의 경우 안면에 지루성 피부염 동반

• 다이어트에 의한 탈모의 경우 피부의 건조화나 손톱의 이상이 발생

16) 출산의 유무(결혼 유무)

• 탈모는 임신이나 출산 등에 영향을 받음

• 출산 후에는 탈모가 유발되는 경우가 많기 때문에 출산의 유무를 확인

• 일반적으로 6개월을 경과하면 치유되기 때문에 그 후에도 탈모가 계속되는 경우에는 다른 탈모 원인을 파악해야 함

17) 약제 복용 상태

• 과거나 현재의 수술 경험 파악

• 여러 가지 약제의 복용에 의해 탈모가 일어나기 때문에 약제의 복용 상태 파악

18) 영양 섭취 상태

• 빈혈이나 저단백혈증이 장시간 계속되면 모발은 전체적으로 가늘게 되고 손상 모발이 되기 때문에 영양 섭취 상태를 묻는 것이 중요함

19) 건강 상태

• 건강한 모발을 유지하기 위해서 기본적으로 정신적, 신체적인 건강 상태가 절대적으로 필요함

• 쉽게 피곤하고 땀을 많이 흘리는 경우, 피부나 두피가 건조 상태, 맥박이 빨라지는 경우, 발열하거나 피부에 발진이 생기는 등의 증상이 있고 탈모를 동반하는 경우에는 빨리 의사의 진단을 받도록 권유

20) 정신적 스트레스

• 정신적 스트레스에 의해 식욕 감퇴, 불면증, 위궤양의 증상은 원형 탈모증의 원

인이 되는 경우도 있음

21) 외인성 탈모가 의심되는 경우

- 견인성 탈모증, 압박성 탈모증 등 외인성 탈모는 모발을 강하게 잡아당기는 헤어스타일을 하는지 여부 확인
- 염모제를 포함한 모발용 제품에 의한 두피의 접촉성 피부염에 의한 탈모 유무 확인

4. 고객 상담 카드 작성

상담은 고객의 개인적인 질문이 많으므로 1 : 1 상담을 할 수 있는 독립적인 전용 공간에서 이루어지는 것이 좋으며 생활습관, 식생활, 건강 상태, 심리 상태 등 여러 가지 내용 등을 고객 스스로 고객 관리 카드를 작성하게 하고 질문에 대하여 자세히 답변하도록 한다. 고객과의 상담 내용을 고객 카드에 기록한 것으로 지속적이고 효과적인 관리의 기본이 된다. 이때 주의해야 할 것은 개인 유출에 관계되는 항목이 있으므로 고객의 신뢰감 형성이 우선되어야 한다. 고객 카드 작성 시 다음과 같은 기본 인적 사항을 기입한다.

- 고객의 방문 목적이 무엇인지 구체적인 방문 동기를 파악해야 한다.
- 이름, 주소, 전화번호, 이메일 등 기본 인적 사항을 기입한다.
- 연령 및 결혼 유무, 나이, 성별 등은 두피와 모발 상태 및 생리 현상에 영향을 미친다.
- 직업의 유형과 근무지의 환경은 두피와 모발 변화의 중요한 원인이 된다.
- 두피 상태를 확인하고 생활습관, 건강 상태 등을 조사하여 원인을 파악한다.
- 특이 사항 작성: 과거 두피와 모발의 문제점(병력, 식생활 습관, 의약품, 스트레

스, 운동량·다이어트, 생리주기, 근무 환경, 알레르기, 사용 제품의 습관, 사후 관리 등)은 정확히 기록하여 추후 상담에 적극 활용한다.

• 두피 문제를 해결하기 위한 해결책을 제시하고 두피관리 계획을 세운다.

• 고객과 상담한 내용을 고객 카드에 작성한다.

상담 차트

Code No. (상담실 번호)			date of Exam (상담일)		Chart by (상담원)		
Name (고객의 성명)	남성	여성	Age (나이)		Marrage (결혼 여부)		
Occupation (직업)			Heredity(유전) :	cell phone(전화번호):			
				e-maill:			
Alopecia (탈모증)	symptoms(증상)						
	Dendruff (비듬):	Itching (가려움증):		Horminess (각질):	Aversion (염증):	Red spot (홍반):	
shampoo (샴푸)	kind of(샴푸의 종류)			Frequency (샴푸 횟수)	Dry(샴푸 후 건조방법)		
Scalp (두피의 상태)	color (두피의 색)	Sensitivit (민감성 여부)			Follicle (모공의 상태)	Hair loss (탈모 여부)	
Habit (생활 습관)	Diet (다이어트)	Smoke (흡연 습관)		Drink (음주 습관)	exercise (운동 습관)	Health (건강 상태)	
Cause of loss(탈모의 진행 원인)							
Consultnats(상담원의 전문적인 조언)							
Reference(참고사항)							
Hair sample(고객 모발 샘플)							

5. 사진 촬영의 중요성

향후 치료 후 비교를 하기 위한 목적을 가지고 찍어야 한다.

여러 각도로 찍되 흔들리지 않게 잘 찍고 탈모 유형에 따라 향후 비교를 해야 하기 때문에 탈모 부위는 여러 장을 찍는 것이 좋다.

만약 각도가 좋지 않아 잘 찍히지 않은 경우 양해를 구하고 다시 찍어야 한다.

두상은 잘리지 않게 하고 얼굴이 나오지 않도록 해야 한다.

여러 장을 찍고 저장한 후 필요한 사진만 골라 저장한 후 나머지는 삭제한다.

기본 8장 정도를 잘 선별하여 저장해 두고 치료하는 과정 사진을 1개월 단위로 찍어 비교 분석해야 한다.

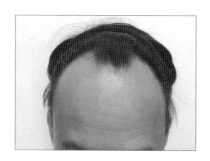
머리띠하고 앞모습 1장

머리띠하고 좌우 각각 1장씩

머리띠하고 좌우 각각 1장씩

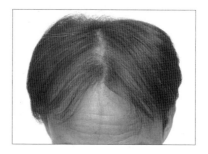
눈썹선까지 나온 자연스러운 앞모습 1장

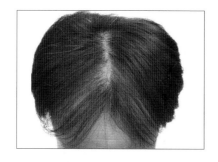 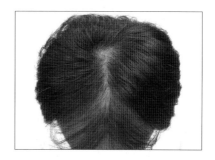

가르마를 나눈 후 15° 숙인 상태 1장, 가르마를 나눈 후 45° 숙인 상태 1장

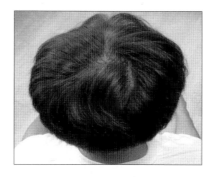

어깨선까지 나오게 정수리를 고객의 등 뒤에서 내려다본 모습 1장

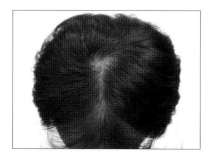

어깨선까지 나오게 정수리를 고객의 측면에서 내려다본 모습 1장

6. 두피관리 상담 시 주의사항

1) 고객 상담 시 주의사항

- 제품이나 관리 효과의 과대 설명을 하지 않아야 한다.
- 미용 영역과 의료 영역에 대한 확실한 구분하여야 한다.
- 고객의 입장에서 설명하여야 한다. (지적, 성격, 등을 배려해야 함)
- 제품별 비교 설명으로 본 센타 제품 과대 혹은 허위 설명을 하지 않아야 한다.

2) 관리 중 고객에게 전달 사항

- 관리 효과를 상승시키기 위한 내용
- 홈케어 및 라이프스타일 관리 사항
- 관리에 대한 고객 만족도 및 불편 사항 파악
- 두피 호전에 따른 프로그램의 변화 제시
- 추후 관리 효과에 대한 분석
- 기타 관리 및 두피 문제점에 대항 고객 궁금증
- 고객이 스스로 긍정적인 사고를 가지도록 해야 한다.
- 관리 기간을 잘 지켜 관리 소홀로 인한 피해받지 않도록 설명한다.
- 홈케어 및 라이프 스타일이 두피 및 탈모 관리는 70% 이상 이루어짐을 설명한다.

3) 관리 중 상담 주의사항

- 정확한 지식의 전달(대처 방안 결과)
- 비교 분석을 통한 상담
- 일정 주기를 둔 상담(3, 6, 9, 12회 단계별 관리 후 상담)
- 관리의 최종 단계는 예방 차원의 관리임을 알림

• 추후 발생 가능 예견되는 두피 현상에 대한 설명

• 추후 관리 프로그램에 대한 정기 관리 프로그램

4) 관리 종결 후 점검 및 주의사항

• 홈케어 및 라이프스타일 관리에 대한 설명

• 관리에 대한 만족도 조사

• 지나친 재관리(티켓) 유도하지 않아야 한다.

• 탈모 두피관리는 평생 관리에 대한 지나친 설명은 역효과로 나타날 수 있다.
  관리는 70% 이상 이루어짐을 설명한다.

두피 및 모발 전문 관리 고객카드

고객상담번호:	
이름(Name):　　　　　　　(남 · 여)	생년월일(Date of birth) :
전화번호(Phone number) : HP:　　　　　직장 :	직업:□ 직장인 □ 자영업 □ 학생 □ 주부 □ 기타 결혼:□ 유　　□ 무
주소(address) :	담당 상담자 :
현재 사용하고 있는 두발 제품 :	현새 건강 상태 :
전문 관리를 받은 경험 :	어떤 라인의 제품 :
생활 패턴 진단(Your general life style)	
샴　　푸 :□ 오전 □ 오후 □ 취침전 □ 기타	생활습관: 술 / 흡연 / 다이어트 / 운동
샴푸횟수:□ 매일 □ 격일 □ 3일　　□ 기타	임신 / 출산 / 피임약복용 / 혈압 / 가족력 유 · 무
모발 빠지는 정도:□ 많다　□ 샴푸 시에만 많다 　　　　　　□ 걱정할 정도는 아니다 □없다	알러지:
퍼머 염색 빈도: 월　　회 / 년　　회	기타:
두피 진단(Your scalp diagnosis)	
두피상태: □ 건성 □ 악건성 □ 민감성 □ 염증 □ 정상　　탈모의 유형 :	
두 피 색:□ 투명 □ 황색기운 □ 붉은 기운 □ 청백색　　탈모발생 시작시기 :	
모공상태:□ 열림 □ 보통 □ 닫힘 □ 심한 더러움	
모발 진단(Your hair diagnosis)	
모발상태: □ 손상모 □ 심한손상모 □ 굵은 모발 □ 건강모 □ 약손상모 □ 손상모 　　　　□ 퍼머웨이브 □ 스트레이트 □ 탈색 □ 백모 (유→　　%, 무)	
고객관리 기록	

회차	일시(년월일시)	관리명	관리순서(제품, 사용기기)	비교

모발 화장품

I. 화장품의 성분

화장품은 배합에 따라 다양한 제품의 기능이 가능하므로 제품의 종류가 다양하다. 사용 분류별로 나누어 보면 기초 화장품, 메이크업 화장품, 모발 화장품으로 구분할 수 있다. 이들의 화장품에 사용되는 성분들은 약 7,000여 가지에 이른다. 한가지 제품에 보통 20여 가지의 성분들이 배합된다.

화장품을 크게 나누어 보면 물에 녹는 것으로 수성 성분과 기름 성분에 녹는 유성성분으로 구별이 된다. 화장품은 피부에 보습 효과를 주거나 입술이나 눈썹에 매력적으로 하는 화장의 개념에서 피부 미백, 노화 억제 등의 개념으로 발전되고 있다.

화장품에 사용되는 성분들은 정제수, 알코올, 오일, 계면활성제이다.

1) 정제수(물)

화장품 제조 시 수용성 용매로 미생물, 미량 원소, 석회, 등이 제거된 정제수를 사용한다. 물을 정제하는 방법으로 증류법, 여과법, 이온교환수지법 등이 있다.

(1) 증류법

물을 밀폐된 용기에서 끓여 수증기를 다시 모아 냉각시킨 것이다.

(2) 여과법

여과지나 목탄과 같이 구멍이 있는 여과지에 물을 통과시켜 불순물을 걸러 내고 순수한 물을 얻는 방법이다.

(3) 이온교환수지법

물을 이온교환수지로 물을 통과하게 하여 칼슘, 마그네슘 이온 등이 H+이온으로 되고 설파 등의 이온그룹은 OH−이온으로 되어 순수한 물을 얻는 방법이다.

화장품에 사용되는 물은 일반적으로 이온교환수지를 이용하여 정제한 물을 다시 자외선 램프에서 멸균한 물을 사용한다.

2) 에탄올

에탄올은 무색 수용성 액체이다. 에탄올(ethanol)은 에틸알코올(ethyl alcohol)이라고도 하며 휘발성이 있으며 피부에 시원한 청량감과 수렴 효과를 준다. 화장수, 아스트리젠트, 헤어 토닉, 향수 등에 사용한다. 화장품에 사용되는 에탄올은 술을 만드는데 사용할 수 없는 석유 크레킹 반응에서 얻어지는 석유 제품인 에틸렌의 수화 반응에 의해 합성된 특수한 변성 에탄올(specially-denaturated alcohol)이 사용되고 있다. 알코올 중에 에탄올, 이소프로필 에탄올, 에틸렌 글리콜, 프로필렌 글리콜이 있다.

(1) 에탄올

에탄올이 화장품의 원료로 중요한 것은 유기용매로 물에 녹지 않은 향료, 색소, 유기안료 등 비극성 물질을 녹이는 성질이 있다. 탈수와 소독작용과 수렴의 작용을 한다.

(2) 이소프로필 에탄올

이소프로필 에탄올은 무색투명한 액체로 유기용매이다.

(3) 에틸렌글리콜

에틸렌글리콜은 무색 수용성으로 화장품에서 흡습제로 사용되고 공업용 용매로는 자동차 냉각장치의 부동액 등으로 사용된다.

4) 프로필렌 글리콜

프로필렌 글리콜은 글리세린보다 끈적임이 적어 보습제로 사용되고 항산화제 방부제의 용매로도 이용된다.

5) 오일

오일은 천연 오일과 합성 오일이 있다. 천연 오일은 식물성 오일, 동물성 오일, 광물성 오일로 구분된다. 식물성 오일에는 식물의 잎이나 열매에서 추출한다. 향은 좋으나 부패하기가 쉬우며 피부에 흡수가 늦다.

(1) 식물성 오일

① 올리브 오일(Olive Oil)

올리브나무 열매에서 추출한 것으로 순도가 높은 것은 피부의 침투력이 우수하여 고급 크림의 원료로 사용되고 순도가 낮은 것은 비누 제조에 사용된다.

② 아몬드 오일(Almond Oil)

아몬드에서 추출한 오일로 민감성 피부, 건성, 노화 등의 화장품에 널리 사용된다.

③ 아보카드유(Avocado Oil)

아보카도 열매에서 추출한 오일로 레시틴, 비타민 A 등이 풍부하다. 피부 보습 효과, 유연 효과가 우수하며, 건성 노화 피부에 효과적이고 마사지 오일, 마사지 크림 원료로 사용된다.

④ 그레이프시드 오일(Grape seed Oil)

포도씨에서 추출한 오일로 아로마 에센스와 브렌딩하여 사용할 때 끈적임이 없어 캐리어 오일로 많이 사용된다.

⑤ 카카오 버터 오일(Kakaobutter Oil)

카카오 열매에서 추출된 식물성으로 립스틱, 연고, 크림, 팩 등의 원료로 사용된다.

⑥ 호호바 오일(Jojoba Oil)

올리브 열매와 비슷한 식물성 열매에서 추출한 것으로 피부와 친화력이 좋고 쉽게 산화되지 않아 건성 피부에 단독으로 사용하며, 크림 등에 혼합하여 사용된다.

⑦ 맥아 오일(Wheatgerm Oil)

맥아유는 보리 씨눈에서 추출한 것으로 비타민 A, 비타민 E가 풍부하며 건성, 노화, 피부용 크림에 많이 사용된다. 아로마 에센스 오일과 브렌딩하여 사용하는 캐리어 오일로도 사용되고 있다.

⑧ 해바라기 오일(Sunflower Oil)

해바라기씨에서 추출한 것으로 크림의 원료로 사용된다.

⑨ 월견초유(Evening Primrose Oil)

달맞이꽃에서 추출하는데 무색 또는 담황색을 띤다. 염증을 진정시키고 호르몬 분비를 조절하는 작용을 하며 아토피성 피부염에도 효과가 있다.

⑩ 로즈힙 오일(Rosehip Oil)

로즈힙은 남아메리카나 유럽에서 자라는 장미 일종이다. 수분 유지, 피부 노화를 억제한다.

(2) 동물성 오일

동물성 오일에는 동물의 피하조직이나 장기 등에서 추출한다. 냄새가 좋지 않기 때문에 정제한 것이 사용되고 있다. 피부에 친화성 좋고 흡수가 빠른 장점이 있다. 동물성 오일에는 상어간유에서 얻어지는 스쿠알렌(squalane)과 밍크 피하지방에서 추출한 밍크 오일이 대표적이다.

광물성 오일은 대부분 석유에서 추출되는데 냄새가 없고 무색투명한 것이 특징이고 포화 결합으로 산패나 변질이 없으며 피부에 흡수가 좋다. 지나치게 유성감이 강하며, 유동 파라핀과 바세린이 있다.

합성 오일은 화학적으로 합성한 오일로 고급지방산과 저급알코올의 에스테르 결합을 통해 만들어진 합성 에스테르유라고도 한다. 천연 오일보다 화학적 안정이 좋고 피부 호흡을 방해하지 않고 사용감이 좋다. 실리콘 오일, 미리스틴산 이소프로필이 있다.

4) 왁스(Wax)

왁스는 기초 화장품이나 메이크업 화장품에 많이 사용되는 고형의 유성 성분이다. 립스틱과 두발 제품 등에 사용되고 있다. 왁스는 크게 식물성 왁스, 동물성 왁스, 합성 왁스로 나눌 수 있다.

- 식물성 왁스로 카르나우바 왁스, 칸델리라 왁스가 대표적이고
- 동물성 왁스로는 꿀벌의 벌집 또는 양의 털을 압착하거나 가열하여 얻어진다.
- 합성 왁스로는 알코올과 지방산을 합성한 것으로 이소프로필 미리스테이트,

이소프로필 카프릴레이트, 옥타닐 미리스테이트, 옥타닐 팔미데이트 등이 있다. 합성 왁스 중에 이소프로필 미리데이트는 피부에 잘 흡수되고 끈적임이 없어 데이크림에 사용되고 있다.

또한, 식물성, 광물성과도 잘 혼합이 되어 비누 원료로 사용 시 피부의 건조함을 막아 주어 베이비 비누에 사용이 되고 있다.

5) 계면활성제

계면활성제가 전기를 띠는 것이 음이온, 양이온, 양쪽성, 비이온 등에 따라 제품 분류와 특성에 따라 사용된다.

계면활성제란 물을 좋아하는 친수성기와 기름을 좋아하는 친유성기를 함께 가지고 있는 물질로 물과 기름의 경계 면을 변화시킬 수 있는 특성을 가지고 있다. 계면활성제를 분류하면 물과 기름을 잘 혼합되게 하는 유화제, 기름을 물에 투명하게 녹이는 가용화제, 피부의 오염 물질을 제거해 주는 세정제, 고체 입자를 물에 균일하게 분산시켜 주는 분산제 등으로 구분할 수 있다. 계면활성제는 친수성기의 이온에 따라 양이온성, 음이온성, 비이온성, 양쪽이온성 계면활성제로 구분이 된다.

(1) 음이온성 계면활성제(Anionic Surfactant)

음이온성 계면활성제는 수중에서 계면활성작용이 친수기 부분 음이온으로 해리한다. 세정작용과 기포 형성이 우수하며 비누와 샴푸, 클렌징, 바디클렌저 등에 사용된다.

(2) 양이온성 계면활성제(Cationic Surfactant)

양이온성 계면활성제는 수중에서 친수기 부분이 양이온으로 해리하는 물질로 음이온 계면활성제와 반대의 구조를 하기에 역성비누라고 한다. 세정, 유화,

가용화 등에 사용되며, 모발에 흡착, 유연 효과, 대전 방지 효과 등에 사용된다. 특히 양이온 계면활성제는 주로 두발용 화장품에 사용된다. 주로 헤어 린스, 컨디셔닝제 등의 모발의 정전기 방지로 사용되며, 살균과 소독작용이 크다.

(3) 비이온성 계면활성제(Nonionic Surfactant)

비이온 계면활성제에는 친유기와 친수기의 균형의 차이에 따라 용해도, 침투력, 유화력, 가용화력 등의 성질에 차이가 있다. 비이온성 계면활성제는 유화력, 가용화력이 우수하며 피부에 자극이 적은 편이다. 주로 기초 화장품 화장수의 가용화제, 크림의 유화제, 크렌징 크림의 세정제 등의 화장품에 사용된다.

(4) 양쪽이온성 계면활성제(Amphoteric Surfactant)

양쪽이온성 계면활성제는 양이온성, 음이온성 관능기를 1개 혹은 그 이상을 동시에 분자 내에 갖는 물질을 말한다. 일반적으로 양이온은 산성, 음이온은 알카리성에서 해리한다. 이온성 계면활성제의 부족한 점을 보완하며, 음이온 계면활성제보다 피부의 자극이 적어 저자극성, 독성이 낮은 세정력, 살균력, 기포력 유연 효과를 이용하여 샴푸, 베이비샴푸 등에 사용된다.

6) 보습제

화장품에 사용되는 보습제는 피부에 보습 효과를 주는 작용을 한다. 보습제의 종류로 폴리올, 천연 보습 인자, 고분자 보습제와 기타로 나눌 수 있다. 폴리올로 글리세린, 프로필렌글리콜, 부틸렌글리콜, 폴리에틸렌글리콜, 솔비톨, 트레할로스 등이다.

천연 보습 인자로 아미노산, 요소, 젖산염, 피롤리돈카르본산염이 있다. 고분자 보습제로 히아루론산염, 콘드로이친 황산염, 가수분해 콜라겐이 있고 기타 베타인(betaine)이 있다.

보습제의 조건으로 적절한 흡수 능력과 흡습력이 피부 보습에 기여할 것, 가능한 저휘발성일 것, 다른 성분과 공존성이 좋을 것, 점도가 적당하고 사용감이 우수하며 피부와의 친화성이 좋은 것과 안전성이 높고 가능한 한 무색 무취이어야 한다.

7) 방부제

화장품에는 각종 영양분이 함유되어 있어 미생물 작용을 받으면 쉽게 부패하게 되는데 미생물의 작용을 억제하고 부패를 막아준다. 방부제를 많이 넣으면 피부 트러블을 유발시킬 수 있으므로 피부에 대한 안전성이 확인된 것을 사용하고 있다. 주로 파라옥시안식향산메칠, 파라옥시향산프로필, 이미다졸리디닐우레아 등이 있다.

8) 색소

색소는 염료와 안료로 구분할 수 있고, 다시 염료에는 물에 녹는 수용성 염료와 오일에 녹는 유용성 염료로 구분이 된다. 염료는 물 또는 오일에 녹는 색소로 화장품 자체에 색상의 효과를 준다.

안료는 물과 오일에 모두 녹지 않는 것으로 무기 안료, 유기 안료, 레이크가 있다. 메이크업의 화장품은 물이나 오일에 녹지 않은 안료를 주로 사용한다.

9) 비타민

비타민은 소량으로 신진대사와 생리기능을 정상화하고 비타민 결핍으로 인한 기능을 예방하게 해준다. 비타민은 우리 몸 안에서 합성되지 못하고 반드시 음식물을 통해서 체내로 흡수되어야 한다. 화장품의 작용 성분으로 비타민이 많이 사용되고 있다.

(1) 비타민 A

비타민 A는 지용성 비타민으로 상피 조직의 기능을 유지하고 각질화 피부와 건성 피부를 치유하며, 세포 및 결합 조직의 조기 노화를 예방한다. 레티놀은 레틴산의 전구물질로 잔주름 개선에 효과가 있다. 건성 노화 피부용의 크림 주성분으로 사용된다.

(2) 비타민 B$_2$

비타민 B$_2$는 리포플라빈이라고도 하며 입술 주변의 염증, 지루성 피부염을 예방해 준다.

(3) 비타민 B$_6$

비타민 B$_6$는 피리독신으로 피지 분비 억제 작용으로 지성 피부에 적당하며, 혈액 순환 촉진으로 지루 및 여드름 피부에 적당하다.

(4) 비타민 C

비타민 C는 신선한 채소, 과일 등 천연식물 중에 널리 분포되고 강한 환원력을 가진 일명 아스코르빈산이라고도 한다. 콜라겐의 합성 촉진, 피부 미백 등의 효과가 있다. 비타민 C 아세데이트는 토코페롤 아세데이트라고도 하며 혈행 촉진, 노화 억제, 유산소 제거 등의 효과가 있다.

(5) 비타민 E(토코페롤)

비타민 E는 항산화 비타민으로 α-, β-, γ-, δ-토코페롤 종류가 있으며 식물에 γ-, δ-토코페놀이 많이 함유되어 있고, β-토코페롤은 천연에 아주 적은 양이 있다. 동물 조직에는 α-토코페롤이 많고, γ-토코페롤은 적은 양이 있고, 그 외 물질이 미량 존재한다.

비타민 E는 항산화 비타민으로 생체 내에서 과산화지질의 산화를 예방한다. 비타민 E가 결핍되면 근육, 신경계 이상이 생기고 감각 능력이 떨어진다. 노화 피부와 건성 피부에 효과적이다.

(6) 비타민 F

비타민 F는 리놀산, 리놀렐산, 아라키돈산 등으로 피지신의 작용을 징상화시키며 피부의 저항력을 향상시킨다. 건성 지루성 피부염, 피부 건조, 습진, 탈모 등을 예방한다.

10) 동·식물 추출물

동물 추출물은 소의 각 부위에서 추출되고 식물 추출물의 경우 감초, 계피, 금잔화, 녹차, 당귀, 라벤더, 레몬, 로즈메리, 율무, 작약, 알로에, 은행잎 등의 추출물에 증류수, 에탄올, 프로필렌글리콜 등으로 혼합 액으로 사용한다.

(1) 동물 추출물

① 로열젤리 추출물(Royal Jelly Extract): 여왕벌의 먹이 즙인 로열젤리로 일벌의 분비물에서 추출한다.

② 실크추출물(Silk Extract): 실크를 묽은 황산으로 추출한 것으로 주성분은 펩티드(peptide)이다. 피부, 모발의 유연 효과가 있다.

③ 플라센타 추출물(Placenta Extract): 소의 태반을 적출하여 저온에서 동결 건조 시킨 후 추출한다. 주성분은 수용성 비타민, 아미노산, 세포 성장 인자 등으로 보습, 세포 재생, 미백 효과가 있다. 동물 특유의 냄새가 있어 5% 미만으로 사용하고 있다.

④ 흉선 추출물(Thymus Extract): 소의 흉선으로부터 추출된 것으로 주성분은 펩티드이며 피부 면역 강화, 노화 억제, 세포 활성화 작용이 있다.

(2) 식물 추출물

① 감마-오리지날(γ - Original): 쌀겨에서 추출한 물질로 혈액순환, 피부의 대사 촉진, 미백작용이 있고 자외선 차단 효과도 약하게 작용한다.

② 글리실리친산(Glycyrriznic Acid): 감초에서 추출하여 얻는 물질로 소염, 항염증, 항알러지작용이 있다.

③ 루틴(Rutin): 괴화에서 추출하여 얻은 물질로 일명 비타민 P라고도 한다. 모세혈관을 튼튼하게 하고 실핏줄이 잘 터지는 피부에 사용하면 수축시키는 작용을 한다.

④ 멘톨(Menthol): 박하에서 추출하여 얻는 물질로 상쾌한 냄새와 청정한 느낌을 준다. 통증 완화와 가려움증을 완화시키고 살균, 방부작용이 있다.

⑤ 바사볼롤(Bisabolol): 카모마일에서 얻은 물질로 일광화상에 의한 피부염 치유에 효과적이고 홍반을 감소시켜 준다.

⑥ 샤포닌(Saponin): 대두 샤포닌과 인삼 샤포닌이 대표적이며 식물성 계면활성제로 세정작용, 유화작용, 가용화 작용을 한다.

⑦ 알란토인(Allantoin): 밀의 배아, 담배의 종자 등에 함유되어 있다. 지성, 여드름, 거친 피부를 매끄럽게 한다. 소염, 진정, 항염증, 항알러지, 자극 감소에 작용이 있다.

⑧ 이노시톨(Inositol): 식물의 씨앗과 곡류를 추출하여 얻은 물질로 동물 성장인자로 탈모 예방 및 피부질환 예방에 효과가 있다.

⑨ 카페인(Caffeine): 커피, 녹차 등에 함유된 알칼로이드 성분으로 의약품으로 흥분제, 강심제, 이뇨제로 사용된다. 피하지방 축적을 예방하고 모공을 수축한다.

11) 정발제

정발제를 만드는 방법으로는 크게 고분자 물질을 이용하는 방법과 점성이 있는 보습제를 이용하는 방법이 있다. 이중 고분자 물질을 이용한 것으로는 헤어 젤, 세트 로션, 헤어 무스, 헤어 스프레이 등이 있으며, 점성의 보습제를 이용한 것으로는 헤어 리퀴드가 있다. 헤어 젤과 세트 로션에는 피막 형성제가 배합되어 있는데 비해 헤어 리퀴드에는 배합되어 있지 않으므로 세팅 효과가 적다.

다음 표에 헤어 젤, 세트 로션, 헤어 리퀴드의 처방 예를 나타내었다.

| 헤어 젤 · 세트 로션 · 헤어 리퀴드의 예시 처방 |

구분	성분명	헤어 젤	세트 로션	헤어 리퀴드
정제수	Water	79.8	62.5	27.4
점증제	Carbomer 940	0.7	-	-
피막형성제	PVP/VA copolymer	0.7	5.0	-
보습제	Propylene glycol	3.0	3.0	3.0
	PPG-40 butyl ether	-	-	20.0
계면활성제	Nonoxynol-12	0.5	0.5	0.5
알칼리제	Triethanol amine	0.8	-	-
알코올	SD Alcohol 40	15.0	30.0	50.0
향료	Perfume	0.2	0.2	0.2

12) 헤어 토닉(Hair Tonic)

헤어 토닉은 모발과 두피에 영양분을 공급하기 위해 약효 성분들을 함유한 것이 특징이다. 제조 방법은 화장수와 유사하나 약용식물의 추출물을 많이 함유하고 있기 때문에 보관중 산화에 의해 침전이 생길 수 있다. 따라서 헤어 토닉의 용기는 햇빛이나 공기의 유입이 적은 것이 좋다.

| 헤어 토닉의 약효 성분 |

작 용	성 분
혈행촉진작용	당귀 추출물, 비타민 E 및 그 유도체, 니코친산벤질에스테르
국소자극작용	고추틴크, 장뇌
모근부활작용	히노키치올, 태반 추출물
남성호르몬 억제	여성호르몬
지루억제작용	유황, 비타민 B_6
각질용해작용	살리실산, 레조르신
살균작용	살리실산, 히노키치올, 염화벤잘코늄
소염작용	감초 추출물, 멘톨
기 타	생약 추출물

| 헤어토닉 처방 예 |

성분명	작 용	함량(%)
Hinokitiol	모근부 · 살균	0.1
Menthol	소염	0.1
Panthenol	세포 증식 · 전정	0.2
Salicylic acid	각질 용해	0.1
Vitamin B6 HCl	지루 억제	0.1
Castor oil	유분 공급	5.0
Tocopheryl acetate	혈행 촉진	0.2
Nonoxynol-12	가용화	0.11
Ethanol	살균 · 소독	60
Perfume	향취 부여	적량
Water	수분 공급	34

13) 퍼머넌트 웨이브 로션(Permanent Wave Lotion)

퍼머넌트 웨이브 로션은 환원제의 종류에 따라 티오글리콜산 타입과 시스테인 타입으로 구분되며, 알칼리제에 따라서는 암모니아 타입과 모노에탄올아민 타입으로 구분된다. 퍼머넌트 웨이브 로션에는 공통적으로 계면활성제가 배합되는데, 이는 환원제의 모발침투를 용이하게 하기 위한 것이다.

특히 환원제는 소량의 구리, 철 등의 금속이온과 반응하며 환원 능력을 감소시키기 때문에 금속이온을 봉쇄할 수 있는 에틸렌디아민 테트라초산 나트륨과 같은 금속이온봉쇄제를 반드시 첨가하여야 한다.

| 퍼머넌트 웨이브 로션(1제) 처방 |

구 분	성분명	티오글리콜산타입	시스테인타입
환원제	Thioglycolic acid	7.0	1.0
	Cysteine	-	7.0
계면활성제	Sodium lauryl sulfate	0.1	0.1
고급알코올	Cetostearyl alcohol	0.9	0.9
침투촉진제	Urea	2.0	2.0
알칼리제	MEA	9.5	1.2
금속이온봉쇄제	Disodium EDTA	0.2	0.2
정제수	Water	84.6	87.6

| 퍼머넌트 웨이브 로션(2제) 처방 |

구분	성분명	브롬산나트륨 타입	과산화수소 타입
산화제	Sodium bromate	6.0	-
	Hydrogen peroxide (3.5%)	-	5.7
계면활성제	Laureth-23	0.5	0.25
pH 조절제	Citric acid	적량	적량
	Sodium citrate	적량	적량
향료	Perfume	0.1	0.1
정제수	Water	93.40	93.95

14) 헤어 스트레이트 크림(Hair Straight Cream)

헤어 스트레이트 크림은 퍼머넌트 웨이브 로션과 유사한 구성 성분으로 되어 있으나, 1제의 경우 유성 성분의 배합량이 많고 대부분 O/W형 크림으로 되어 있다. 2제의 처방은 퍼머넌트 웨이브 로션과 유사하게 대부분 브롬산나트륨을 주성분으로 하고 있다.

| 헤어 스트레이트(1제) 처방 |

구 분	성분명	함량(%)
유성 성분	Cetostearyl alcohol	2.5
	Liquid paraffin	13.0
	Vaselin	11.5
지방산	Stearic acid	8.0
	Oleic acid	2.0
계면활성제	Steareth-2	2.0
	Oleth-2	3.5
보습제	Propylene glycol	2.0
환원제	Thioglycolic acid	10.0
알칼리제	MEA	20.0
정제수	Water	25.5

| 헤어 스트레이트(2제) 처방 |

구 분	성분명	함량(%)
산화제	Sodium bromate	6.0
계면활성제	Laureth-23	0.5
점증제	Hydroxyethyl cellulose	0.3
pH 조절제	citric acid	0.12
	Sodium citrate	0.3
정제수	Water	92.78

15) 영구 염모제(Permanent Hair Color Lotion)

영구 염모제는 1제와 2제로 되어 있는데, 색상의 차이는 주로 1제에 함유된 염료 중간체와 염료 수정제의 처방 차이에 기인한다. 연료 중간체와 염료 수정제는 공기 중의 산소에 의해 쉽게 산화되므로, 이를 방지하기 위해 항산화제로 아스코르빈산 (비타민 C)이 첨가된다. 또한, 2제의 과산화수소의 안정화를 위해 인산이 첨가된다.

| 영구 염모제(진한 갈색) 1제 처방 예 |

구 분	성분명	함량(%)
지방산	Oleic acid	20.0
계면활성제	Oleth-10	6.0
고급알코올	Isocetyl alcohol	10.0
보습제	Propylene glycol	5.0
알코올	Isopropylalcohol	10.0
항산화제	Ascorbic acid	0.3
염료 중간체	p-Phenylenediamine	0.5
염료 수정제	Resorcine	0.5
	m-Aminophenol	0.1
금속이온 봉쇄제	Disodium EDTA	0.2
알칼리제	Ammonium hydroxide(28%)	10.0
정제수	Water	34.5

| 영구 염모제 2제의 처방 예 |

구 분	성분명	함량(%)
산화제	Hydrogen peroxide(30%)	20
안정화제	Phosphoric acid	0.05
정제수	Water	79.95

상호 실습

1. 상호 실습(예시)

1) 지성 & 민감성 두피

이름: 0001	나이: 20세
성별: 여	직업: 학생
두피 상태: 지성 + 민감성 두피	

■ 관리

- 이전관리: b제품의 샴푸를 사용했으며, 트리트먼트는 주에 2회로 했다. 머리는 이틀에 한 번 샴푸했으며, 특별히 두피관리를 받은 적은 없다.
- 두피 진단: 지성 & 민감성 두피
- 두피 진단 이후의 관리: 두피의 세정과 피지 조절에 초점을 맞춰 관리하였다. 두피가 약간 붉은 기운으로 민감성이 있었으며, 모공이 피지로 거의 막혀 있었다. 모발이 가늘어지고 탈모가 일어날 수 있으므로 기능성 지성 샴푸로 주 3회로 사용하고 격일로 보통 샴푸를 병행하여 사용하였다. 두피 자체가 신진대사를 원활히 하며 심한 자극을 피하며, 뜨거운 스팀이나 타월, 사우나 등을 피하여 두피가 안정을 취할 수 있게 해 주었다.

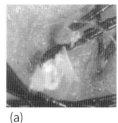 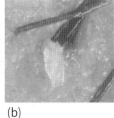 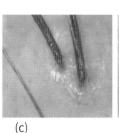 

(a)　　　　　　(b)　　　　　　(c)　　　　　　(d)

| 두피 클리닉 |

2) 지성 두피 부분 건성 두피

이름: 0002	나이: 33세
성별: 여	직업: 주부
두피 상태: 지성 두피 & 부분 건성 경향	

■ 관리

· 두피 진단: 건성 두피와 부분 지성 두피

· 두피 진단 이후의 관리: 두피관리에 있어서 우선적으로 원래 상태의 두피를 알아 보기 위해 사진을 찍었을 때, 두피는 지성을 나타냈고 두피 표면에 과다한 피지가 보였으며, 모공에 피지가 산화되어 있었다. 피지가 있어서 인지 모공에 물이 고여 있는 것처럼 보이고 모공 주위가 피지로 인하여 거의 막혀 있었다.

· 두피 관찰: 두피를 두 단계의 실험으로 나눠서 관찰했는데, 첫 번째로 지성 두피에 알맞는 제품을 선택하여 세정을 한 후 결과 사진을 찍었을 때 처음의 두피가 뿌옇고 둔탁하며, 피지가 응고되어 있었을 때와 다르게 모공 주위가 샴푸 전보다 깨끗한 상태였으며, 모공이 약간 열려 있었다. 하지만 두피가 약간 붉어지는 현상을 볼 수 있었다.

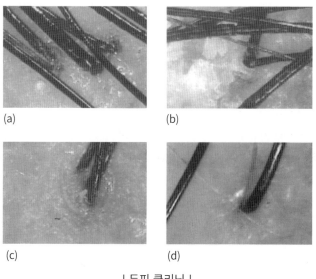

(a) (b)

(c) (d)

3) 건성 두피

이름: 0003	나이: 43세
성별: 여	직업: 회사원
두피 상태: 건성 두피	

■ 관리

· 이전 관리: c회사 제품을 사용하고 있었고 샴푸는 거의 아침, 저녁으로 하루 2회 정도 샴푸를 하고, 두피 진단은 받은 적이 없고 가렵기 때문에 자주 샴푸를 더 많이 하는 편이라고 했다.

· 두피 진단: 건성 두피 & 심한 손상 모발

· 두피 진단 이후 관리: 과도한 탈색과 염색 등으로 두피가 건성으로 비듬이 발생되어 있었다. 가려움증을 함께 동반하며 전체적으로 비듬이 들떠 있는 상태이다. 비듬 전용샴푸로 주 1~2회 정도 관리하며 댄트러프 트리트먼트를 사용하도록 하고 건성 비듬이므로 비듬 샴푸로 3~4일에 1회 사용하게 하며, 평상시 사용하던 샴푸와 병행하여 실시하였다. 3주 관리 후 두피는 연살색에 청백색 빛이 있는 촉촉한 두피를 볼 수 있었다.

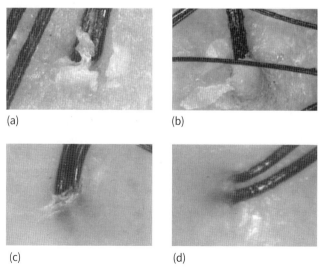

(a)

(b)

(c)

(d)

| 두피 클리닉 |

231

4) 지성 두피

이름: 0004	나이: 20세
성별: 여	직업: 학생
두피 상태: 지성 두피	

■ 관리

· 이전 관리: b회사 제품으로 사용하고 있었고, 샴푸는 거의 매일 1회로 전문 관리는 받은 적이 없는 모발이 많이 손상된 상태이다.

· 두피 진단: 정상 두피와 약건성이 부분적 & 모발은 손상된 모발

· 두피 진단 이후 관리: 정상 두피로써 모공이 열려 있었고, 모발 상태는 탈색과 염색으로 손상된 모발이다. 단백질과 모발 구성 단백질을 함유한 기능성 샴푸와 트리트먼트로 모발에 영양 공급을 강화하고 건강하고 부드러운 머리결로 가꾸어 주고자 하였다. 샴푸는 매일 1회 샴푸하도록 했다. 표면이 양이온으로 된 마이크로 영양캡슐이 모발 손상 부위에 효율적으로 접근하고 이때 내부에 함유된 모발 구성 단백질이 약화된 모발 내부에 침투하여 영양을 공급하고 관리하였다. 외부에서 영양을 공급하여 주어야 건강한 모발을 유지할 수 있다.

(a)　　　　(b)

(c)　　　　(d)

| 두피 클리닉 |

5) 민감성 두피

이름: 0005	나이: 26세
성별: 여	직업: 자영업
두피 상태: 민감성 두피	

■ 관리

· 이전 관리: d회사 제품의 샴푸를 사용하고 있었고 샴푸는 1일에 1회 혹은 2일에 1회로 샴푸, 특별한 제품이나 두피관리는 받은 적이 없다고 했다.

· 두피 진단: 지성 두피 & 탈염색에 의한 손상된 모발

· 두피 진단 이후의 관리: 지성 두피로 모공이 뿌옇고 모발 상태는 잦은 탈색과 염색, 자외선에 의해 손상된 상태였다. 큐티클이 녹아내린 상태로 손상된 모발을 머릿결의 큐티클 코팅 효과와 손상된 부분을 보호해 주고 윤기 있게 해 주는 손상된 모발용 샴푸로 2일에 1회씩 샴푸하게 했다. 주 2회는 지성 두피용 샴푸를 사용하게 했다.

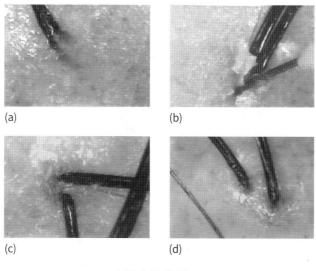

(a)　　　　(b)

(c)　　　　(d)

| 두피 클리닉 |

6) 탈모성 두피

이름: 0006	나이: 35세
성별: 여	직업: 주부
두피 상태: 지성 두피 & 탈모성	

■ 관리

· 이전 관리: b제품의 샴푸를 사용했으며, 트리트먼트는 주 2회로 했다. 머리는 이틀에 한 번 샴푸했으며, 특별히 두피관리를 받은 적은 없다.

· 두피 진단: 건성, 탈모성 라인

· 두피 진단 이후 관리: 두피가 건조하고 피지 분비가 원활하지 못하여 각질 및 비듬이 쌓여 있고, 모발이 많이 가늘어져 탈모가 진행되고 있었다. 건성 두피에 수분과 영양 공급을 할 수 있는 앰플을 두피에 도포하여 마사지하며, 샴푸는 거품이 가라앉을 때까지 가볍게 마사지하고 헹구어 주었다. 건조에 의해 생긴 각질을 제거해주며, 막힌 모공의 세척과 혈액순환을 촉진해 주며 모발에 탄력을 주고 탈모되지 않도록 기능성 샴푸를 격일로 앰플과 병행하여 사용하였다. 3주를 관찰한 결과 모발에 힘이 있고 모공이 열려지고 두피의 모공의 새로운 부분을 관찰할 수 있었다.

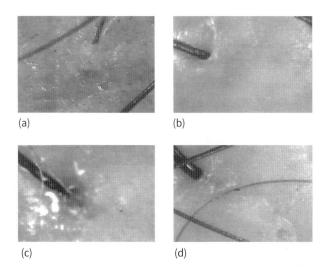

(a)　　　　　　　　(b)

(c)　　　　　　　　(d)

2. 탈모 예방을 위한 홈 케어

1) 클린징(Cleansing)

두피와 모발에 쌓인 피지와 노폐물로 인해 탈모가 악화될 수 있다. 순한 샴푸를 사용하든지, 탈모 전문용 샴푸를 사용하면 효과적이다.

2) 린스(Rinsing)

적당량을 머리카락 3분의 2 정도만 발라 완전히 헹구어 낸다. 린스는 영양제와 같기 때문에 잘 헹구어 내지 않으면 두피에 남아 염증을 유발할 수 있다.

3) 빗질(Brushing)

빗살 끝이 둥근 빗을 사용해 정수리 부분이 아닌 양 귀 옆부터 시작해 정수리를 향해 위로 올려 빗는 것이 좋다. 정수리 부분에서 시작하게 되면 피지선을 악화시켜 피지가 과도하게 분비될 수 있기 때문이다.

4) 두피마사지

탈모 예방 및 신장의 기능을 강화해 주는 것으로 알려져 있다. 동양의학에서도 신장 및 내분비 기능이 왕성하면 모발에 윤기가 생긴다고 보고 있고, 자주 두피 마사지를 하면 두피의 혈행을 좋게 하고 긴장감을 해소시킨다.

5) 식생활

모발에 해로운 음식으로 자극적인 향신료나 염분, 동물성 기름이 많은 기름진 음식과 설탕과 커피 등이 있으며, 특히 남성호르몬을 미량 함유하고 있는 밀눈, 땅콩, 효모등은 피하는 것이 좋다.

6) 일상생활

스트레스를 피하고 충분한 휴식과 수면을 취하며 영양분을 골고루 섭취하는 것이 중요하다.

두피 및 모발 전문관리 고객카드

고객상담번호:	
이름(Name): (남 · 여)	생년월일(Date of birth) :
전화번호(Phone number) : HP: 직장 :	직업: □ 직장인 □ 자영업 □ 학생 □ 주부 □ 기타 결혼: □ 유 □ 무
주소(address) :	담당 상담자 :
현재 사용하고 있는 두발 제품 :	현재 건강 상태 :
전문 관리를 받은 경험 :	어떤 라인의 제품 :

생활 패턴 진단(Your general life style)	
샴 푸 : □ 오전 □ 오후 □ 취침전 □ 기타	생활습관: 술 / 흡연 / 다이어트 / 운동
샴푸횟수: □ 매일 □ 격일 □ 3일 □ 기타	임신 / 출산 / 피임약복용 / 혈압 / 가족력 유 · 무
모발 빠지는 정도: □ 많다 □ 샴푸 시에만 많다 □ 걱정할 정도는 아니다 □없다	알러지:
퍼머 염색 빈도: 월 회 / 년 회	기타:

두피 진단(Your scalp diagnosis)	
두피 상태: □ 건성 □ 악건성 □ 민감성 □ 염증 □ 정상 탈모의 유형 :	
두 피 색: □ 투명 □ 황색기운 □ 붉은 기운 □ 청백색 탈모발생 시작시기 :	
모공상태: □ 열림 □ 보통 □ 닫힘 □ 심한 더러움	

모발 진단(Your hair diagnosis)
모발상태: □ 손상모 □ 심한손상모 □ 굵은 모발 □ 건강모 □ 약손상모 □ 손상모 □ 퍼머웨이브 □ 스트레이트 □ 탈색 □ 백모 (유→   %, 무)

고객관리 기록				
회차	일시(년월일시)	관리명	관리순서(제품, 사용기기)	비교

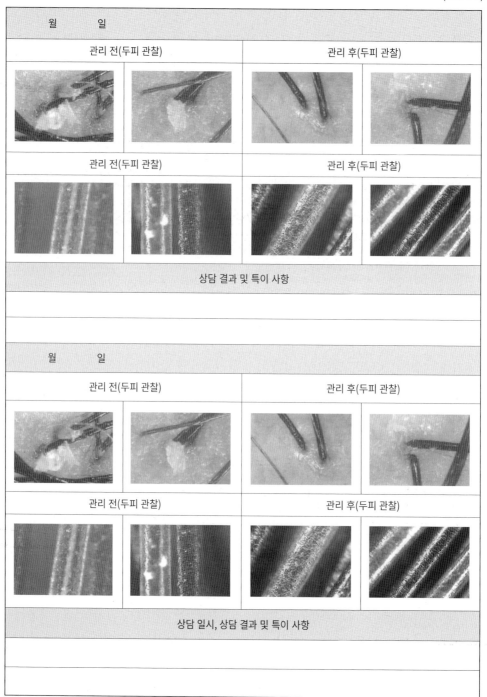

월 일	
관리 전(두피 관찰)	관리 후(두피 관찰)
관리 전(두피 관찰)	관리 후(두피 관찰)
상담 결과 및 특이 사항	

월 일	
관리 전(두피 관찰)	관리 후(두피 관찰)
관리 전(두피 관찰)	관리 후(두피 관찰)
상담 일시, 상담 결과 및 특이 사항	

두피 및 모발 전문관리 고객카드

고객상담번호:	
이름(Name): (남 · 여)	생년월일(Date of birth) :
전화번호(Phone number) : HP: 직장 :	직업: □ 직장인 □ 자영업 □ 학생 □ 주부 □ 기타 결혼: □ 유 □ 무
주소(address) :	담당 상담자 :
현재 사용하고 있는 두발 제품 :	현재 건강 상태 :
전문 관리를 받은 경험 :	어떤 라인의 제품 :

생활 패턴 진단(Your general life style)

샴 푸 : □ 오전 □ 오후 □ 취침전 □ 기타	생활습관: 술 / 흡연 / 다이어트 / 운동
샴푸횟수: □ 매일 □ 격일 □ 3일 □ 기타	임신 / 출산 / 피임약복용 / 혈압 / 가족력 유 · 무
모발 빠지는 정도: □ 많다 □ 샴푸 시에만 많다 □ 걱정할 정도는 아니다 □없다	알러지:
퍼머 염색 빈도: 월 회 / 년 회	기타:

두피 진단(Your scalp diagnosis)

두피 상태: □ 건성 □ 악건성 □ 민감성 □ 염증 □ 정상 탈모의 유형 :	
두 피 색: □ 투명 □ 황색기운 □ 붉은 기운 □ 청백색 탈모발생 시작시기 :	
모공상태: □ 열림 □ 보통 □ 닫힘 □ 심한 더러움	

모발 진단(Your hair diagnosis)

모발상태: □ 손상모 □ 심한손상모 □굵은 모발 □ 건강모 □ 약손상모 □ 손상모   □ 퍼머웨이브 □ 스트레이트 □ 탈색 □ 백모 (유→   %, 무)

고객관리 기록

회차	일시(년월일시)	관리명	관리순서(제품, 사용기기)	비교

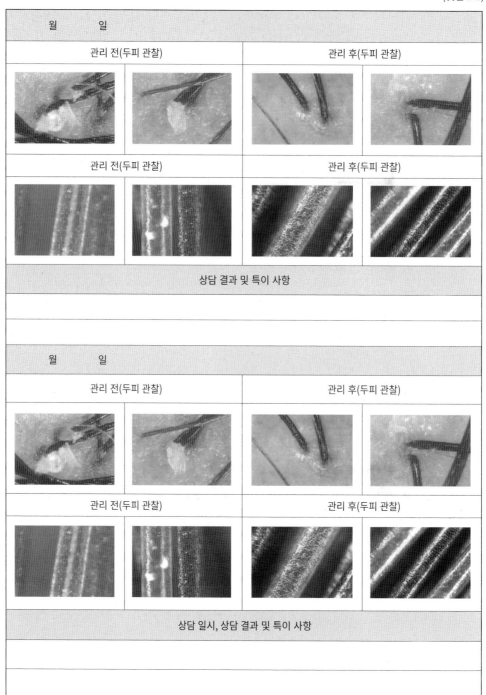

월 일	
관리 전(두피 관찰)	관리 후(두피 관찰)
관리 전(두피 관찰)	관리 후(두피 관찰)
상담 결과 및 특이 사항	

월 일	
관리 전(두피 관찰)	관리 후(두피 관찰)
관리 전(두피 관찰)	관리 후(두피 관찰)
상담 일시, 상담 결과 및 특이 사항	

두피 및 모발 전문관리 고객카드

고객상담번호:	

이름(Name): (남 · 여)	생년월일(Date of birth) :
전화번호(Phone number) : HP: 직장 :	직업: □ 직장인 □ 자영업 □ 학생 □ 주부 □ 기타 결혼:□ 유 □ 무
주소(address) :	담당 상담자 :
현재 사용하고 있는 두발 제품 :	현재 건강 상태 :
전문 관리를 받은 경험 :	어떤 라인의 제품 :

생활 패턴 진단(Your general life style)

샴 푸 :□ 오전 □ 오후 □ 취침전 □ 기타	생활습관: 술 / 흡연 / 다이어트 / 운동
샴푸횟수:□ 매일 □ 격일 □ 3일 □ 기타	임신 / 출산 / 피임약복용 / 혈압 / 가족력 유 · 무
모발 빠지는 정도:□ 많다 □ 샴푸 시에만 많다 □ 걱정할 정도는 아니다 □없다	알러지:
퍼머 염색 빈도: 월 회 / 년 회	기타:

두피 진단(Your scalp diagnosis)

두피 상태: □ 건성 □ 악건성 □ 민감성 □ 염증 □ 정상   탈모의 유형 :
두 피 색:□ 투명 □ 황색기운 □ 붉은 기운 □ 청백색   탈모발생 시작시기 :
모공상태:□ 열림 □ 보통 □ 닫힘 □ 심한 더러움

모발 진단(Your hair diagnosis)

모발상태: □ 손상모 □ 심한손상모 □굵은 모발 □ 건강모 □ 약손상모 □ 손상모   □ 퍼머웨이브 □ 스트레이트 □ 탈색 □ 백모 (유→   %, 무)

고객관리 기록

회차	일시(년월일시)	관리명	관리순서(제품, 사용기기)	비교

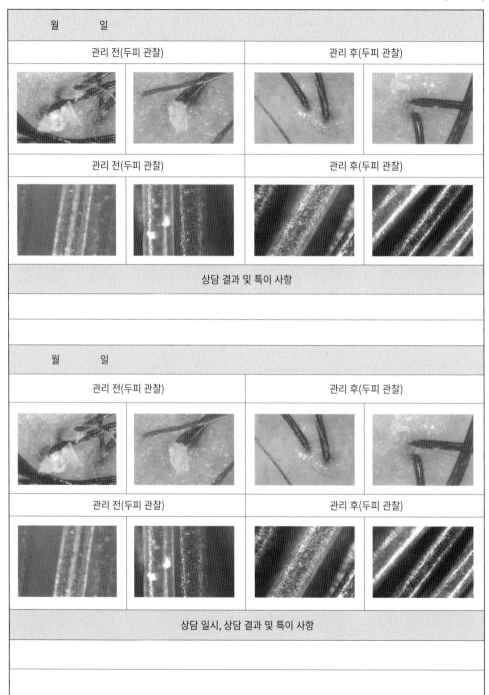

월 일	
관리 전(두피 관찰)	관리 후(두피 관찰)
관리 전(두피 관찰)	관리 후(두피 관찰)
상담 결과 및 특이 사항	

월 일	
관리 전(두피 관찰)	관리 후(두피 관찰)
관리 전(두피 관찰)	관리 후(두피 관찰)
상담 일시, 상담 결과 및 특이 사항	

두피 및 모발 전문관리 고객카드

고객상담번호:	

이름(Name):　　　　　　　　　(남 · 여)	생년월일(Date of birth) :
전화번호(Phone number) : HP:　　　　　　직장 :	직업: □ 직장인 □ 자영업 □ 학생 □ 주부 □ 기타 결혼: □ 유　　　□ 무
주소(address) :	담당 상담자 :
현재 사용하고 있는 두발 제품 :	현재 건강 상태 :
전문 관리를 받은 경험 :	어떤 라인의 제품 :

생활 패턴 진단(Your general life style)

샴　　푸 : □ 오전 □ 오후 □ 취침전 □ 기타	생활습관: 술 / 흡연 / 다이어트 / 운동
샴푸횟수: □ 매일 □ 격일 □ 3일　　□ 기타	임신 / 출산 / 피임약복용 / 혈압 / 가족력 유 · 무
모발 빠지는 정도: □ 많다　□ 샴푸 시에만 많다 　　　　　　　□ 걱정할 정도는 아니다 □없다	알러지:
퍼머 염색 빈도: 월　　회 / 년　　회	기타:

두피 진단(Your scalp diagnosis)

두피 상태: □ 건성 □ 악건성 □ 민감성 □ 염증 □ 정상　　탈모의 유형 :
두 피 색: □ 투명 □ 황색기운 □ 붉은 기운 □ 청백색　　탈모발생 시작시기 :
모공상태: □ 열림 □ 보통 □ 닫힘 □ 심한 더러움

모발 진단(Your hair diagnosis)

모발상태: □ 손상모 □ 심한손상모 □굵은 모발 □ 건강모 □ 약손상모 □ 손상모 　　　　□ 퍼머웨이브 □ 스트레이트 □ 탈색 □ 백모 (유→　　%, 무)

고객관리 기록

회차	일시(년월일시)	관리명	관리순서(제품, 사용기기)	비교

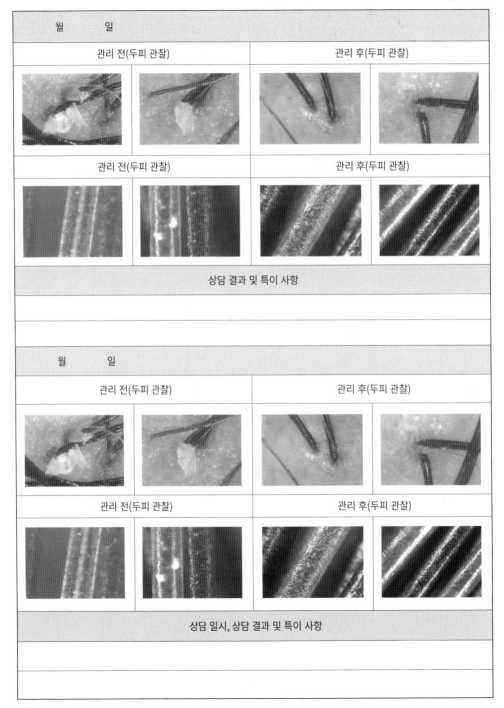

두피 및 모발 전문관리 고객카드

(앞면 1-1)

고객상담번호:	
이름(Name):　　　　　　　　　(남 · 여)	생년월일(Date of birth) :
전화번호(Phone number) : HP:　　　　　　직장 :	직업:☐ 직장인 ☐ 자영업 ☐ 학생 ☐ 주부 ☐ 기타 결혼:☐ 유　　☐ 무
주소(address) :	담당 상담자 :
현재 사용하고 있는 두발 제품 :	현재 건강 상태 :
전문 관리를 받은 경험 :	어떤 라인의 제품 :

생활 패턴 진단(Your general life style)

샴　　푸 :☐ 오전 ☐ 오후 ☐ 취침전 ☐ 기타	생활습관: 술 / 흡연 / 다이어트 / 운동
샴푸횟수:☐ 매일 ☐ 격일 ☐ 3일　　☐ 기타	임신 / 출산 / 피임약복용 / 혈압 / 가족력 유 · 무
모발 빠지는 정도:☐ 많다 ☐ 샴푸 시에만 많다 　　　　　　☐ 걱정할 정도는 아니다 ☐없다	알러지:
퍼머 염색 빈도:월　　회 / 년　　회	기타:

두피 진단(Your scalp diagnosis)

두피 상태:☐ 건성 ☐ 악건성 ☐ 민감성 ☐ 염증 ☐ 정상　　탈모의 유형 :
두 피 색:☐ 투명 ☐ 황색기운 ☐ 붉은 기운 ☐ 청백색　　탈모발생 시작시기 :
모공상태:☐ 열림 ☐ 보통 ☐ 닫힘 ☐ 심한 더러움

모발 진단(Your hair diagnosis)

모발상태: ☐ 손상모 ☐ 심한손상모 ☐굵은 모발 ☐ 건강모 ☐ 약손상모 ☐ 손상모 　　☐ 퍼머웨이브 ☐ 스트레이트 ☐ 탈색 ☐ 백모 (유→　　%, 무)

고객관리 기록

회차	일시(년월일시)	관리명	관리순서(제품, 사용기기)	비교

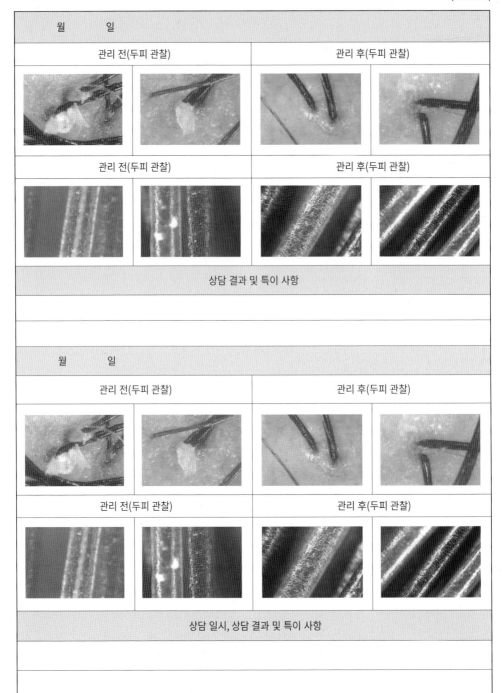

월 일	
관리 전(두피 관찰)	관리 후(두피 관찰)
관리 전(두피 관찰)	관리 후(두피 관찰)
상담 결과 및 특이 사항	

월 일	
관리 전(두피 관찰)	관리 후(두피 관찰)
관리 전(두피 관찰)	관리 후(두피 관찰)
상담 일시, 상담 결과 및 특이 사항	

샴푸 상호 실습지

실습자 학번:　　　　　　성 함 :

1. 상호 실습 　 년 　 월 　 일 　 요일 　 am, pm:	
• 두피 상태:	
• 모델명:	• 나이:　　　　　　• 직업 :
• 이전 관리 :	
• 관리 후 관리 :	
상담 결과 및 특이 사항	
월　　　일	

샴푸 시술 사진		트리트먼트 시술 사진	

샴푸 상호 실습지

실습자 학번: 성 함 :

1. 상호 실습 년 월 일 요일 am, pm:		
• 두피 상태:		
• 모델명:	• 나이:	• 직업 :
• 이전 관리 :		
• 관리 후 관리 :		

상담 결과 및 특이 사항

월   일

샴푸 시술 사진		트리트먼트 시술 사진	

샴푸 상호 실습지

실습자 학번:　　　　성 함 :

1. 상호 실습　　　년　　월　　일　　요일　　am, pm:	
• 두피 상태:	
• 모델명:	• 나이:　　　　• 직업 :
• 이전 관리 :	
• 관리 후 관리 :	
상담 결과 및 특이 사항	

월　　　일			
샴푸 시술 사진		트리트먼트 시술 사진	

샴푸 상호 실습지

실습자 학번:　　　　　성 함 :　　　　　　　　　　　　　　

1. 상호 실습　　　년　　월　　일　　요일　　am, pm:			
• 두피 상태:			
• 모델명:	• 나이:		• 직업 :
• 이전 관리 :			
• 관리 후 관리 :			

상담 결과 및 특이 사항

월　　　일		
샴푸 시술 사진		트리트먼트 시술 사진	

샴푸 상호 실습지

실습자 학번: 성 함 :

1. 상호 실습 년 월 일 요일 am, pm:		
• 두피 상태:		
• 모델명:	• 나이:	• 직업 :
• 이전 관리 :		
• 관리 후 관리 :		
상담 결과 및 특이 사항		

월 일	
샴푸 시술 사진	트리트먼트 시술 사진

샴푸 상호 실습지

실습자 학번:　　　　　성 함 :

1. 상호 실습　　년　　월　　일　요일　　am, pm:	
• 두피 상태:	
• 모델명:	• 나이:　　　　　• 직업 :
• 이전 관리 :	
• 관리 후 관리 :	
상담 결과 및 특이 사항	

월　　　일	
샴푸 시술 사진	트리트먼트 시술 사진

샴푸 상호 실습지

실습자 학번:　　　　　성 함 :

1. 상호 실습　　년　　월　　일　요일　am, pm:	
·두피 상태:	
·모델명:	·나이:　　　　　·직업 :
·이전 관리 :	
·관리 후 관리 :	

상담 결과 및 특이 사항

월　　　　일	
샴푸 시술 사진	트리트먼트 시술 사진

샴푸 상호 실습지

실습자 학번: 성 함 :

1. 상호 실습 년 월 일 요일 am, pm:		
• 두피 상태:		
• 모델명:	• 나이:	• 직업 :
• 이전 관리 :		
• 관리 후 관리 :		
상담 결과 및 특이 사항		
월 일		
샴푸 시술 사진		트리트먼트 시술 사진

[참고 문헌]

최근희 外 2인, 《모발관리 이론 및 실습》, 수문사, 2001년

서윤경, 《모발과학의 기초》, 도서출판 예림, 2008년

한경희 外 7인, 《모발과학》, 훈민사, 2002년

김민정 外 3인, 《모발과학 및 관리학》, 도서출판 청람, 2007년

곽형심 外 6인, 《모발.두피관리학》, 청구문화사, 2005년

이항욱, 《헤어 어드밴티지》, 도서출판 창솔, 2004년

안규성 外 4인, 《최신두피모발관리학》, 정문각, 2006년

안홍석, 《Beauty & Health Science》, 파워북, 2007년

류은주, 《모발학》, 광문각, 2002년

이순녀 外 1인, 《모발과학》, 도서출판 서우, 2010년

이태후 外 1인, 《두피마사지》, 비타북스, 2010년

오오모리 타카시, 《모발미네랄 검사》, 도서출판 대한의학서적, 2009년

대한미용교수협의회, 《TRICHOLOGY》, 청구문화사, 2007년

국제미용교육포럼학술위원회, 《모발학》, 청구문화사, 2009년

한국두피모발연구학회, 《트리콜로지스트 레벨 III》, 훈민사, 2008년

한국두피모발관리사협회, 《트리콜로지스트 레벨 I》, 크라운출판사, 2007년

Healing hair care instituye, 《HAiR Care ART》, 현문사, 2002년

| 저자 소개 |

• **강갑연** - 정화예술대학교 미용예술학부 교수
• **석유나** - 정화예술대학교 미용예술학부 교수
• **이명화** - 건국대학교 미래지식교육원 뷰티디자인학과 교수
• **임순녀** - 동신대학교 뷰티미용학과 교수

두피모발관리학

2017년 8월 25일 1판 1쇄 인 쇄
2017년 8월 30일 1판 1쇄 발 행

지 은 이 : 강갑연 · 석유나 · 이명화 · 임순녀
펴 낸 이 : 박정태

펴 낸 곳 : **광 문 각**

10881
경기도 파주시 파주출판문화도시 광인사길 161
광문각 B/D 4층
등   록 : 1991. 5. 31 제12-484호
전 화(代) : 031) 955-8787
팩   스 : 031) 955-3730
E - mail : kwangmk7@hanmail.net
홈페이지 : www.kwangmoonkag.co.kr

ISBN : 978-89-7093-856-1   93590

값 : 20,000원

한국과학기술출판협회회원